O CERNE DA MATÉRIA

A marca FSC® é a garantia de que a madeira utilizada na fabricação do papel deste livro provém de florestas que foram gerenciadas de maneira ambientalmente correta, socialmente justa e economicamente viável, além de outras fontes de origem controlada.

ROGÉRIO ROSENFELD

O cerne da matéria

A aventura científica que levou à descoberta do bóson de Higgs

COMPANHIA DAS LETRAS

Grafia atualizada segundo o Acordo Ortográfico da Língua Portuguesa de 1990, que entrou em vigor no Brasil em 2009.

Capa
Rodrigo Maroja

Preparação
Officina de Criação

Índice remissivo
Luciano Marchiori

Revisão
Isabel Jorge Cury
Valquíria Della Pozza

Dados Internacionais de Catalogação na Publicação (CIP)
(Câmara Brasileira do Livro, SP, Brasil)

Rosenfeld, Rogério
O cerne da matéria: A aventura científica que levou à descoberta do bóson de Higgs — 1ª ed. — São Paulo : Companhia das Letras, 2013.

ISBN 978-85-359-2346-9

1. Bóson de Higgs 2. Ciência - História 3. Física - História 4. Física nuclear 5. LHC (Grande Colisor de Hádrons) 6. Partículas (Física nuclear) I. Título.

13-10079 CDD-539.721

Índice para catálogo sistemático:
1. Bóson de Higgs : Física de partículas 539.721

[2013]

EDITORA SCHWARCZ S.A.
Rua Bandeira Paulista, 702, cj. 32
04532-002 — São Paulo — SP
Telefone: (11) 3707-3500
Fax: (11) 3707-3501
www.companhiadasletras.com.br
www.blogdacompanhia.com.br

Quem sabe sabe que não sabe
Porque sabe que ninguém sabe
E quem não sabe
Não sabe porque ninguém sabe
Luiz Tatit e Itamar Assumpção

Sumário

Agradecimentos

Gostaria de agradecer à Divisão de Teoria do CERN, especialmente a Christophe Grojean, pela generosa acolhida. Várias pessoas contribuíram para tornar prazerosa minha estada na Suíça, entre elas Alex Arbey, Alex Kagan, Alexandra Oliveira, Cedric Delaunay, Chris Byrnes, Claudia Marcelloni, Diego Blas, Elena Gianolio, Enrique Fernandez-Martinez, Géraldine Servant, Gian Giudice, Gilad Perez, Gino Isidori, Glauco Curetti, Glenn Starkman, Heidi Rzehak, Hiroshi de Sandes, James Wells, Marco Cirelli, Maxim Gouzevitch, Michelangelo Mangano, Michele Redi, Michelle Connor, Mike Trott, Nanie Perrin, Nazila Mahmoudi, Rakhi Mahbubani, Roger Anthoine, Toni Riotto e Veronica Sanz.

Meu ano sabático no CERN não teria sido possível sem o auxílio da Fapesp e o afastamento concedido pelo Instituto de Física Teórica da Unesp. Sou grato também à Companhia das Letras, especialmente ao André Conti e à Lucila Lombardi, cujo trabalho de edição tornou este livro uma realidade, e ao Carlos Escobar pela leitura da versão preliminar do texto. Finalmente, agradeço à minha família, que tem me apoiado todos esses anos.

Introdução

A jovem Chaya devia estar visivelmente perturbada após ter assistido ao noticiário local na casa de seus vizinhos. Alguns meios de comunicação divulgavam que o início do funcionamento de uma "máquina do apocalipse" resultaria na criação de buracos negros que acabariam por engolir todo o planeta. Acreditando nas notícias de que grandes catástrofes estariam prestes a ocorrer, ela pensou que não suportaria a destruição e a perda de tudo o que lhe era tão querido. Tomou então uma decisão drástica: envenenou-se ingerindo inseticida enquanto seus pais estavam trabalhando.[1]

A razão dos boatos infundados e alarmistas que preocuparam milhares de pessoas pelo mundo inteiro em setembro de 2008 e que acabaram causando a trágica morte da adolescente indiana de dezesseis anos estava a mais de 9 mil quilômetros de distância de Indore, a cidade natal de Chaya, localizada no centro da Índia. Mais precisamente, próximo à pacata e civilizada cidade de Genebra, na Suíça.

O avião pousou em Genebra em uma segunda-feira, no início de outubro de 2011. Com uma localização privilegiada entre os Alpes suíços e as montanhas Jura, na França, às margens do enorme lago Léman, Genebra é a segunda cidade mais populosa da Suíça, depois de Zurique. Meu amigo Christophe Grojean esperava para me levar ao CERN, a Organização Europeia para Pesquisa Nuclear, nas imediações de Genebra, onde eu passaria um ano como pesquisador visitante. Depois de seis anos na vice-direção e outros três na direção do Instituto de Física Teórica da Unesp, em São Paulo, eu planejara um afastamento para atualizar minhas atividades de pesquisa. Isso é conhecido como "ano sabático" em instituições de ensino e pesquisa.

O CERN é atualmente o local mais importante no mundo em uma de minhas áreas de pesquisa, a física de partículas elementares, e recebe um enorme fluxo de visitantes para participar de reuniões de trabalho, proferir seminários ou simplesmente passar um período trabalhando livre de tarefas outras que não sejam realizar suas pesquisas. Nele funciona o maior, o mais caro e o mais complexo experimento já realizado pela humanidade, o Grande Colisor de Hádrons, tradução para Large Hadron Collider, conhecido pela sigla LHC. Sem a ajuda de Christophe, um jovem e brilhante físico teórico francês que ocupava então um posto de trabalho na Divisão de Teoria do CERN, eu certamente não conseguiria realizar meu projeto, tamanha a competição para conseguir lá ser acolhido.

Ao chegar ao CERN, fui cuidar de algumas burocracias, como retirar o cartão de identificação que permite o acesso ao complexo de 6 km^2 onde trabalham mais de 10 mil pessoas. Delas, aproximadamente 2,4 mil são contratadas pelo centro: engenheiros, técnicos, pessoal administrativo e cerca de cem cientistas. Os quase 8 mil restantes são pesquisadores de outras instituições que realizam parte de seu trabalho lá. Atualmente, cientistas e engenheiros de 608 universidades e instituições de pesquisa de 113 nacionalidades integram a população do CERN, participando de grandes colaborações responsáveis pelos experimentos lá realizados. Vinte países-membros da Europa contribuíram, somente em 2011, com pouco mais de 1 bilhão de francos suíços para manter o centro em funcionamento. Apenas para efeito de comparação, o orçamento anual de 2011 da Unesp (a universidade em que trabalho), com mais de 3 mil docentes, 52 mil alunos matriculados e quase 7 mil servidores técnico-administrativos, foi de aproximadamente 1,5 bilhão de reais, o que corresponde a pouco mais da metade do valor investido no CERN.

A Divisão de Teoria, onde iria trabalhar, tem apenas sete pesquisadores permanentes. No entanto, com um intenso programa de dois anos para pós-doutores, os *fellows*, e atividades de duração variada para associados, o centro tem dezenas de pesquisadores. Contei quase 120 na lista que recebi quando cheguei. De posse da sala 53-1-047, eu estava pronto para meu trabalho de pesquisa e para o projeto de escrever um livro de divulgação científica sobre o CERN e sua importância para a física de partículas elementares, especialmente o LHC, que naquele ano entrara em funcionamento pleno. Quando cheguei, era grande a expectativa da possibilidade iminente de importantes descobertas que poderiam revolucionar nosso conhecimento sobre o cerne da matéria.

De fato, em 4 de julho de 2012, depois de décadas de buscas, foi feito no auditório do CERN o anúncio histórico da descoberta da última peça que faltava no quebra-cabeça desenvolvido pelos físicos teóricos a partir de meados da década de 1960 para explicar as partículas mais fundamentais do universo: a chamada partícula de Higgs.

É exatamente o longo processo de evolução científica e tecnológica que culminou nesse eufórico momento que descrevo neste livro. Antes de mais nada, devo ressalvar que, não sendo um historiador da ciência, meu relato será por vezes superficial, refletindo opiniões e experiências pessoais acumuladas no decorrer de minha carreira.

1. Nascimento do CERN

A Suíça sempre teve uma posição de independência e de neutralidade em relação a diversos assuntos. Não entrou em nenhuma das guerras mundiais. Não aderiu ao euro, mantendo sua própria moeda, o franco suíço. Genebra, em particular, juntou-se à Confederação Helvética (terminação ".ch" nos endereços de sites suíços), nome latino da Suíça, apenas em 1815, tornando-se o 22º dos 26 cantões que formam o país. Genebra é bastante acolhedora com os estrangeiros. Sua maior celebração é a Festa da Escalada, comemorada todos os anos nos dias 11 e 12 de dezembro. Foi na noite de 11 de dezembro de 1602 que as tropas do duque de Savoia marcharam em direção à cidade para um ataque surpresa, apesar da assinatura de um tratado de paz. Foram descobertas quando começavam a escalar os muros que protegiam Genebra, o que deu início a uma furiosa batalha. O ataque foi repelido, e até hoje são contadas várias histórias sobre o acontecimento. Uma delas diz que uma dona de casa jogou um caldeirão de sopa fervente muro abaixo, ferindo vários soldados. O fato é que Genebra manteve sua independência. Vários moradores estrangeiros tiveram papel decisivo nessa batalha. Esse é um dos motivos pelos quais *todos* os estrangeiros recém-chegados ao cantão de Genebra são convidados para uma grande celebração da Festa da Escalada.

Não recebi o convite porque decidi residir em Saint-Genis-Pouilly, um vilarejo no lado francês da fronteira próxima ao CERN. No entanto, acabei indo à festa com uma colega, *fellow* no CERN e residente de Genebra. Foi uma celebração impressionante, em uma grande tenda, onde habitantes da cidade recepcionavam afetivamente os convidados, explicando as tradições da comemoração, que incluíam um delicioso fondue e um pedaço do enorme caldeirão feito de chocolate, símbolo da festa, que foi destruído no final. Os doces que continha foram distribuídos aos convidados. Dois dias depois houve um grande desfile noturno na parte velha da cidade, com pessoas vestidas com trajes de época, montando cavalos, com canhões, tochas e uma grande fogueira.

Essa receptividade aos estrangeiros e o ideal de independência e neutralidade contribuíram para o fato de diversas instituições internacionais estabelecerem sua sede em Genebra. Com o CERN não foi diferente. Mas a história nunca é simples e linear.

Ao final da Segunda Guerra Mundial grande parte da Europa estava devastada. As grandes cidades e os parques industriais foram alvo de bombardeios intensos. Os países europeus haviam exaurido suas reservas financeiras no esforço de guerra. O Plano Marshall, criado pelos Estados Unidos para financiar a recuperação da economia europeia, injetou bilhões de dólares no Velho Mundo entre 1947 e 1952.

Assim como a economia, a ciência também estava em ruínas. A guerra havia deixado cicatrizes profundas na comunidade científica. Houve um êxodo de cientistas europeus para os Estados Unidos, principalmente judeus, fugindo do nazismo. Albert

Einstein, o grande ícone da física, trabalhava no Instituto de Estudos Avançados de Princeton desde 1933. Grandes nomes como Enrico Fermi, Hans Bethe, Emilio Segrè, Leó Szilárd, Eugene Wigner, entre vários outros, seguiram caminhos semelhantes e contribuíram decisivamente para o desenvolvimento científico nos Estados Unidos.

A guerra também trouxe a percepção de que a ciência básica, que não visa aplicações práticas imediatas, é muito importante. Um avanço puramente teórico como a teoria da relatividade, desenvolvida por Einstein em 1905, mostrou que em princípio seria possível converter massa em energia. Isso levou Szilárd e outros a especular sobre a possibilidade de gerar energia a partir de reações nucleares. Em 1939, Szilárd convenceu Einstein a escrever uma carta ao então presidente norte-americano, Franklin Delano Roosevelt, alertando sobre a possibilidade da construção, pela Alemanha, de uma arma com grande poder de destruição. Sugeria portanto que os Estados Unidos iniciassem um programa para desenvolver essa arma atômica antes dos alemães. Essa foi a semente para a implantação do famoso Projeto Manhattan, que levou à fabricação das armas baseadas em reações nucleares. A primeira demonstração de reações nucleares autossustentáveis foi realizada por Fermi e colaboradores na Universidade de Chicago, em dezembro de 1942. Isso levaria, posteriormente, às usinas nucleares para geração de energia elétrica — e à bomba atômica que destruiu Hiroshima e Nagasaki.

Felizmente os americanos venceram a corrida nuclear contra o nazismo e o fascismo, apesar de que aparentemente os alemães não estavam trabalhando na fabricação de armas nucleares. Dez cientistas alemães envolvidos em pesquisa nuclear, entre eles Werner Heisenberg, um dos pais da física quântica, foram presos antes do final da guerra por um comando americano, em uma operação denominada Epsilon, e confinados por seis meses na Inglaterra, em uma casa repleta de microfones. Eles nem sequer sabiam se seriam mantidos vivos. As transcrições de suas conversas estão disponíveis em um livro fascinante.[1] Mais tarde Heisenberg teria um papel importante no estabelecimento do instituto Max Planck, na Alemanha, e apoiou a criação do CERN.

Após a guerra, diversos organismos internacionais foram estabelecidos, como a Organização das Nações Unidas e a Unesco. Alguns físicos europeus começaram então a vislumbrar a possibilidade da criação de um laboratório de física, mais particularmente de física de altas energias, que na década de 1940 era dedicada ao estudo do núcleo atômico e portanto denominada física nuclear.

Era evidente que a pesquisa básica nessa área demandava a construção de equipamentos caros, os aceleradores de partículas, cujo custo estaria além do que um único país poderia investir no pós-guerra. Também se queria deter a fuga de cérebros da Europa para os Estados Unidos, onde já havia laboratórios com alguns desses equipamentos. Do lado político, argumentava-se que um laboratório europeu poderia trazer harmonia e colaboração entre países que havia poucos anos guerreavam entre si.

As primeiras discussões informais sobre a criação de um laboratório europeu começaram entre 1947 e 1949 durante as reuniões da Comissão Internacional de Energia Atômica da ONU, composta de diplomatas e cientistas. François de Rose, um diplomata francês, conta que fez amizade com o físico americano Julius Robert Oppenheimer, ex-diretor científico do Projeto Manhattan que ficou conhecido como "pai" da bomba atômica (mais tarde Oppenheimer foi perseguido pelo macarthismo e teve suas credenciais de segurança confiscadas em 1954). Como outros físicos americanos, Oppenheimer havia passado alguns anos estudando na Europa, onde completou seu doutorado em 1927. De acordo com De Rose, Oppenheimer lhe disse:

> Aprendemos tudo o que sabemos na Europa. Mas no futuro a pesquisa em física fundamental necessitará de grandes recursos financeiros, que estarão além da capacidade individual de países europeus. Vocês terão de reunir seus esforços para construir as grandes máquinas necessárias. Não seria saudável que cientistas europeus fossem obrigados a ir para os Estados Unidos ou para a União Soviética a fim de fazer pesquisa fundamental.[2]

É irônico que hoje, mais de sessenta anos depois, são os físicos norte-americanos e russos que vão para o CERN realizar suas pesquisas.

Fascinado pela ideia, De Rose agendou um encontro entre Oppenheimer e os conselheiros científicos de sua delegação. Entre eles estavam os físicos franceses Pierre Auger e Lew Kowarski. Também se mostrou interessado nessas conversas o físico norte-americano Isidor I. Rabi, ganhador do prêmio Nobel de 1944 que trabalhou em outro projeto importante para a Segunda Guerra: o desenvolvimento do radar no Massachusetts Institute of Technology (MIT). Esses encontros levaram a novas discussões reunindo físicos europeus, com a participação decisiva do italiano Edoardo Amaldi.

No entanto, não havia consenso entre os físicos europeus. O motivo era simples: eles temiam que um novo laboratório dessa envergadura sugasse os parcos recursos de seus próprios laboratórios. Alguns preferiam, portanto, um trabalho de cooperação internacional usando os laboratórios já existentes. Ao final, os fatos provaram que eles estavam errados, pois quando o CERN foi fundado os recursos para pesquisa foram ampliados. Os governos europeus também foram inicialmente contra a ideia: quando ouviam as palavras "pesquisa nuclear" logo pensavam na bomba atômica, um tabu no pós-guerra devido à pressão dos Estados Unidos.

A primeira manifestação pública favorável foi a do físico francês Louis de Broglie, prêmio Nobel de 1929, que escreveu uma carta lida na Conferência do Centro Cultural Europeu, ocorrida em Lausanne (perto de Genebra) em dezembro de 1949. Nessa carta, ele propunha a criação de uma instituição internacional de pesquisa com recursos para equipamentos, transcendendo o que cada nação poderia investir individualmente.

No entanto, o primeiro passo decisivo para a criação do CERN ocorreu na 5ª Conferência Geral da Unesco, em Florença, em junho de 1950. A Unesco, sigla para United Nations Educational, Scientific and Cultural Organization [Organização Educacional, Científica e Cultural das Nações Unidas], entrou em funcionamento em 1946. A primeira sessão da Conferência Geral ocorreu em Paris no final de 1946. Desde 1948 seu diretor de ciências exatas e naturais era Auger, que ocupou esse cargo até 1958. Rabi fazia parte da delegação norte-americana e estranhou que na agenda da Conferência não constasse nenhuma discussão sobre o centro de pesquisa europeu, que ele já havia debatido com seus colegas do velho continente. Depois de conversas com Auger e Amaldi, Rabi encabeçou uma resolução proposta por sua delegação, autorizando a Unesco a:

a) encorajar a formação de centros regionais de pesquisa e de laboratórios com o propósito de aumentar e tornar mais frutífera a colaboração internacional de cientistas na busca de novos conhecimentos em áreas nas quais o esforço de um único país seja insuficiente para cumprir a tarefa;
b) explorar as necessidades e a possibilidade de tais centros regionais, fazer estimativas iniciais de custos e de localização e ajudar na formulação de programas sem que haja contribuição do orçamento regular da Unesco em custos de construção e manutenção.

Além disso, em seu discurso, Rabi enfatizou que o primeiro desses centros deveria ser construído na Europa Ocidental e deveria se ocupar de pesquisa em física nuclear. Essa sugestão certamente veio da experiência de Rabi na física norte-americana do pós-guerra, em que ele teve um importante papel no estabelecimento de grandes laboratórios nacionais.

Com a resolução aprovada unanimemente na Conferência, Auger conseguiu aval para seguir adiante com a ideia de um laboratório europeu de pesquisa em física nuclear, e não perdeu tempo. A Unesco seria o agente catalisador dessa nova iniciativa.

Auger começou a realizar diligências junto da comunidade científica na Europa, com visitas a Oxford e a Copenhague. Em dezembro de 1950, em um encontro do Centro Cultural Europeu em Genebra (que organizou a conferência em que a carta de De Broglie foi lida), criou-se uma comissão de cooperação científica, com a participação de vinte membros de oito países, entre os quais Auger e Amaldi. Com dinheiro doado por alguns governos, Auger estabeleceu um grupo de consultores ligados à Unesco para a elaboração de um projeto. O grupo se reuniu pela primeira vez em maio de 1951. Um plano preliminar para um laboratório internacional de pesquisa nuclear foi preparado em alguns meses.

Em dezembro de 1951, o diretor-geral convocou uma conferência intergovernamental na sede da Unesco, em Paris, presidida por François de Rose. O objetivo era providenciar o financiamento dos estudos necessários para estabelecer o laboratório. Os quarenta delegados de doze países mostraram-se favoráveis a essa iniciativa. A segunda sessão da conferência realizou-se em Genebra em fevereiro de 1952, quando foi aprovado um acordo constituindo um novo organismo intergovernamental de caráter provisório, o European Council for Nuclear Research ou Conseil

Européen pour la Recherche Nucléaire [Conselho Europeu para a Pesquisa Nuclear]. Nascia a sigla CERN, que não foi abandonada nem mesmo depois da dissolução desse conselho provisório.

Em 15 de fevereiro de 1952 Auger escreveu uma carta a Rabi comunicando-lhe: "Acabamos de assinar um acordo que constitui o nascimento oficial do projeto que você apadrinhou em Florença. Mãe e filho passam bem e os doutores mandam saudações". A carta foi assinada pelos signatários do acordo, os "doutores" do parto do "filho" CERN, entre eles Auger, Amaldi, De Rose e Kowarski.

No preâmbulo do acordo lê-se o seguinte:

> [...] Desejando para esse propósito [o avanço da pesquisa científica] estabelecer um laboratório internacional de pesquisa para estudar fenômenos envolvendo partículas de altas energias com o objetivo de aumentar o conhecimento de tais fenômenos e portanto contribuir para o progresso e a melhoria das condições de vida da humanidade.

Fica claro o objetivo pacífico dessa empreitada. Auger escreveu mais tarde: "Para quem interessar possa: o propósito do CERN é fazer a humanidade aprender, e não queimar cidades".

A assinatura desse acordo era apenas o começo de um longo processo até o estabelecimento de fato do CERN.

A primeira reunião do conselho deu-se no início de maio de 1952, em Paris. Foram criados grupos de trabalho para projetar as máquinas que seriam construídas, prospectar um sítio para o laboratório (liderado por Kowarski) e estudar a teoria da física de altas energias (grupo liderado pelo físico dinamarquês Niels Bohr, prêmio Nobel de 1922). Amaldi foi designado secretário-geral.[3]

Bohr, um dos pais da física quântica, comandava o mais influente instituto de física teórica nas primeiras décadas do século XX, sediado em Copenhague. A contratação e o treinamento de jo-

Pierre Auger, Edoardo Amaldi e Lew Kowarski (da esq. para a dir.).

vens físicos teóricos não precisavam esperar a construção do laboratório e tiveram início em Copenhague. Bohr defendia arduamente, com apoio dos físicos nórdicos, a ideia de que o novo laboratório fosse construído naquela capital.

Três meses depois, na segunda reunião do conselho, foi apresentado um plano mais concreto para o equipamento inicial. A terceira reunião ocorreu em outubro, em Amsterdam, e o conselho escolheu Genebra como local para o laboratório. A cidade concorria com Copenhague, Longjumeau (subúrbio de Paris) e Arnhem (Holanda). Pesou bastante na escolha a neutralidade suíça, além da localização estratégica no centro da Europa e da boa infraestrutura oferecida. Também foi decidido que o grupo teórico permaneceria em Copenhague até que a construção de instalações adequadas fosse concluída.

Curiosamente, em Genebra havia uma oposição política ao CERN. Temos de lembrar que a guerra terminara havia pouco tempo e a conotação ligada à física nuclear não era das melhores. Houve uma campanha de esclarecimento geral da população e Albert Picot, membro do governo do cantão de Genebra e delegado da Suíça no conselho do CERN, precisou convocar um plebiscito em junho de 1953. A construção do laboratório foi aprovada por 17 239 votos (7332 pessoas votaram contra).

No primeiro dia de julho de 1953, durante a sexta reunião do conselho em Paris, a convenção para o estabelecimento da European Organization for Nuclear Research, nome oficial do novo laboratório, foi assinada e colocada para ratificação dos países-membros. Enquanto era esperada a ratificação, e mesmo sem garantia de que ela ocorreria, o trabalho continuava a todo vapor, com grupos estudando projetos dos futuros experimentos e da infraestrutura necessária no sítio de Meyrin, subúrbio de Genebra. Finalmente, em 29 de setembro de 1954, os governantes dos doze países-membros ratificaram a convenção: nascia oficialmente o CERN.

Para colocar as atividades do CERN dentro do contexto atual, farei a seguir uma breve descrição do desenvolvimento dos aceleradores de partículas e do conhecimento adquirido ao longo de décadas sobre os blocos fundamentais da matéria

2. O primeiro acelerador de partículas

Luigi Galvani deve ter se assustado quando viu a perna do sapo que dissecava em sua aula começar a mexer-se convulsivamente após ser atingida acidentalmente por uma faísca elétrica. Intrigado, o professor de anatomia da Universidade de Bolonha, que também fazia experimentos com eletricidade, realizou vários estudos, publicados em 1791 sob o título "Comentário sobre a força da eletricidade no movimento muscular".

Os fenômenos elétricos e magnéticos sempre despertaram a curiosidade nas pessoas. E desafiam os estudiosos desde a Antiguidade. Benjamin Franklin, um dos patronos da independência dos Estados Unidos, realizava experiências em meados do século XVII com pipas em dias tempestuosos para mostrar que relâmpagos eram fenômenos elétricos e acabou inventando o para-raios. Por volta de 1830, o então ministro das Finanças do Reino Unido, William Gladstone, perguntou sobre o uso prático da eletricidade ao famoso físico britânico Michael Faraday, que respondeu: "Só sei que um dia o senhor poderá taxá-la". Atualmente é impossível viver em um lugar sem tomadas para ligar nossos computadores, geladeiras, televisores e outros aparelhos que julgamos essenciais para o nosso cotidiano. Mas houve um período em que a eletricidade era apenas uma curiosidade, e os cientistas que a estudavam eram considerados diletantes.

Baseado nas próprias observações, Galvani postulou a existência de três tipos de eletricidade: a produzida por fricção (que ocorre, por exemplo, quando passamos um pente nos cabelos e esse pente torna-se capaz de atrair pedacinhos de papel), a produzida em relâmpagos e um terceiro tipo que ele chamou de eletricidade animal, encontrada em corpos animais.

Galvani se correspondia com seu compatriota Alessandro Volta, grande especialista em eletricidade e professor de física da Universidade de Pávia, a apenas 100 km de Bolonha. Volta havia desenvolvido um aparelho que gerava eletricidade, além de ter descoberto o gás metano e sua combustão quando atingido por uma faísca elétrica. Os dois embarcaram em uma respeitosa discussão. Uma das descobertas de Galvani foi que não era necessária uma descarga elétrica para mexer a perna do pobre sapo: bastava o contato com dois metais diferentes, como cobre e zinco. Volta, que defendia a ideia correta de que existiria apenas um tipo de eletricidade, empilhou vários discos alternados de cobre e zinco separados por um tecido molhado com água e sal e mostrou que esse aparelho gerava eletricidade continuamente. O sapo era dispensável! Essa polêmica amigável acabou gerando uma das maiores descobertas da humanidade: a pilha de Volta.

A pilha de Volta, datada de 1800, foi de fato o primeiro acelerador de partículas da história. Hoje sabemos que a corrente elétrica é formada por um fluxo de partículas elementares chamadas elétrons, que possuem carga negativa. Quando viajam de um polo a outro de uma pilha, os elétrons ganham energia. Isso é exatamente o que faz um acelerador de partículas, como veremos mais adiante. Uma pilha é caracterizada pelo potencial elétrico. Uma pilha do tipo AA, por

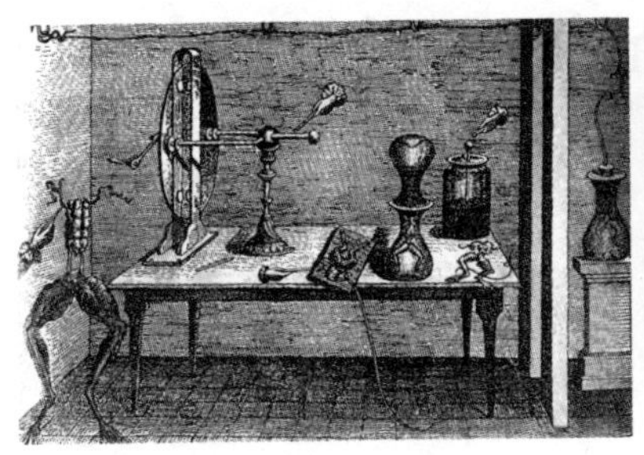
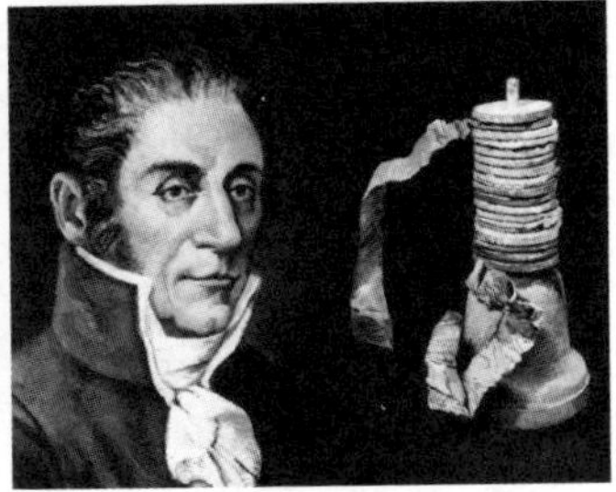

O laboratório de Galvani (à esq.); Volta e sua pilha (à dir.).

exemplo, tem um potencial elétrico de 1,5 volt (o nome dessa unidade, "volt", é uma homenagem a Volta). Quando um elétron passa por um potencial de 1 volt ele ganha uma energia, que por definição chamamos de *elétron-volt*, denotada pelo símbolo eV. Essa é a unidade de energia mais usada em física de partículas elementares. É uma energia minúscula para os padrões normais da nossa vida cotidiana. Uma lâmpada de 60 Watts consome, em uma hora, uma energia equivalente a 1×10^{24} eV, ou seja, 1 seguido de 24 zeros!

Também usamos essa unidade de energia para descrever a massa das partículas elementares. Isso é possível porque existe uma relação precisa entre a massa e a energia, que é dada pela mais famosa equação da física, a única que escreverei neste livro: Energia = massa × c^2, onde c é a velocidade da luz, de 300 000 km/s. Mesmo em física de partículas elementares, a unidade eV é pequena para descrever energias e massas envolvidas. Costuma-se também usar KeV (kilo-elétron-volt, 10^3 eV), MeV (mega-elétron-volt, 10^6 eV), GeV (giga-elétron-volt, 10^9 eV), TeV (tera-elétron-volt, 10^{12} eV) etc. A massa de um elétron é de 511 KeV (muito mais fácil de escrever do que seu valor em gramas, aproximadamente 1×10^{-27}, ou seja, 26 zeros depois da vírgula em 0,00...001).

O maior acelerador do mundo, o LHC, em 2012 acelerou prótons a uma energia recorde de 4 TeV, mas foi desenhado para atingir o dobro dessa energia, o que deverá ocorrer apenas em 2015.

3. O início da era dos aceleradores de partículas

Em física de partículas, as informações sobre o mundo microscópico são, em geral, obtidas de um modo até primitivo: atirando partículas umas contra as outras. Provavelmente essa tradição começou com os experimentos do grande físico neozelandês Ernest Rutherford.

Depois de terminar seu doutorado, em 1898, na Universidade de Cambridge, na Inglaterra, Rutherford foi contratado pela Universidade McGill, no Canadá. Em 1907 ele mostrou que um tipo de radiação natural emitida por certos elementos químicos, que denominou "radiação alfa", era composta de núcleos de átomos de hélio, ou seja, dois prótons e dois nêutrons juntos, com carga elétrica positiva. A radiação alfa é altamente nociva ao corpo humano, e a ingestão de substâncias que emitem esse tipo de radiação, como o polônio e o rádio, pode ser fatal. Rutherford ganhou o prêmio Nobel (de química!) em 1908 "por suas investigações sobre a desintegração de elementos e sobre a química de substâncias radioativas", de acordo com o site oficial da Fundação Nobel. Porém, seu mais importante trabalho ainda estava por vir.

As partículas alfa são emitidas com uma energia típica de 5 MeV. Isso corresponde a uma velocidade de cerca de 15 000 km/s. De volta à Inglaterra, empregado pela Universidade de Manchester, Rutherford e seus colaboradores Hans Geiger e Ernest Marsden usaram essas partículas para bombardear uma folha de ouro de uma espessura muito pequena, cerca de cem vezes mais fina que um fio de cabelo. A grande maioria das partículas alfa passava pela folha de ouro quase sem mudar de direção. No entanto, algumas delas mudavam radicalmente de rumo, podendo até retornar na direção de onde tinham vindo. Nas palavras de Rutherford: "Foi o evento mais incrível que aconteceu em minha vida. Era tão incrível quanto atirar uma bala de revólver em um pedaço de papel e ela ricochetear de volta".

Ele percebeu que isso só seria possível se houvesse uma grande concentração de carga elétrica em alguns pontos da folha de ouro, suficiente para repelir a partícula alfa que a atingisse. Em um artigo fundamental escrito em 1911, Rutherford propôs que os átomos eram formados por um núcleo altamente concentrado de carga positiva, cercado por uma região extensa com cargas negativas. Nascia o modelo do átomo que conhecemos hoje: um pequeno núcleo atômico com carga elétrica positiva cercado por uma nuvem de elétrons.

No entanto, sabia-se que havia algo de errado no modelo de Rutherford: a teoria clássica do eletromagnetismo previa que cargas elétricas em movimentos circulares emitiriam luz e, portanto, perderiam energia. Consequentemente, de acordo com essa teoria clássica, o átomo de Rutherford deveria ser instável. Os elétrons circulando ao redor do núcleo atômico rapidamente perderiam energia e se chocariam com o núcleo. Um jovem físico teórico dinamarquês de 26 anos, que trabalhava no laboratório de Rutherford, mostrou como era possível estabilizar o novo modelo usando a física quântica, então recém-desenvolvida. Esse foi um dos pri-

Rutherford (à dir.) e Geiger no laboratório da Universidade de Manchester em 1908.

meiros e mais importantes trabalhos de Niels Bohr, ganhador do prêmio Nobel em 1922 por sua "investigação da estrutura dos átomos e da radiação por eles emitida".

O incansável Rutherford continuou fazendo experimentos importantes. Em 1917 tornou-se a primeira pessoa a realizar uma transmutação de elementos, criando oxigênio a partir do bombardeamento de nitrogênio por partículas alfa. O sonho secular dos alquimistas tornava-se, de certa maneira, possível.

Rutherford começou a pensar na possibilidade de acelerar prótons para usá-los como projéteis em seus experimentos. O átomo de hidrogênio, o mais simples dos átomos, tem em seu núcleo um único próton, rodeado por um elétron. Portanto, prótons podem ser facilmente obtidos através da ionização, ou seja, remoção do elétron, de átomos de hidrogênio. Como possuem carga elétrica, prótons podem ser acelerados através de um potencial elétrico, como o

O acelerador de Cockcroft-Walton em Cambridge (acima) e Cockcroft, Rutherford e Walton, logo após o experimento com o novo acelerador em 1932.

produzido por uma pilha, da mesma maneira que elétrons. Rutherford colocou dois de seus estudantes, John Cockcroft e Ernest Walton, para trabalhar na construção de um instrumento que pudesse produzir um grande potencial elétrico. O acelerador que eles construíram depois de alguns anos de trabalho, conhecido como acelerador Cockcroft-Walton, foi capaz de acelerar prótons a uma energia de até 700 KeV. Em 1932 eles usaram esses prótons acelerados para bombardear e quebrar o núcleo do átomo de lítio em duas partículas alfa e ganharam o prêmio Nobel em 1951 pela "transmutação de núcleos atômicos por partículas aceleradas artificialmente". Nos Estados Unidos, o físico Robert Van de Graaff também desenvolvia um equipamento para gerar grandes potenciais elétricos. Estava aberta a era dos aceleradores de partículas.

4. O cíclotron

Em uma tarde de abril de 1929, Ernest O. Lawrence fez o que muitos de nós, físicos, fazíamos antes da era da internet: foi à biblioteca da Universidade da Califórnia em Berkeley folhear os mais recentes periódicos de física.[1] O jovem professor de 28 anos estava entusiasmado com as possibilidades de exploração do mundo subatômico. Para revelar os segredos dos átomos era necessário acelerar partículas a energias cada vez maiores. Porém surgiu um impasse no desenvolvimento dos aceleradores: era muito perigoso, quando não impossível, operar com as altíssimas voltagens necessárias para os experimentos.

Lawrence deparou-se então com um artigo escrito em alemão (a língua franca da física na época) que trazia um intrigante desenho de um diagrama.[2] Ele não precisou entender o texto (na verdade, não lia alemão) para descobrir que se tratava de um método para acelerar partículas. Esse método, que previa a aceleração em duas regiões, dentro de um tubo linear, poderia, ao menos em princípio, ser expandido para um tubo enorme, onde as partículas seriam aceleradas em várias regiões. Em cada região elas receberiam um pequeno "empurrão" e ao final do tubo sairiam com uma grande energia, resultante dos vários pequenos empurrões. Assim, em vez de aplicar uma enorme voltagem de uma só vez, essa técnica permitiria usar pequenas voltagens, facilmente controláveis, várias vezes. No entanto, com a tecnologia da época não seria factível construir um tubo do comprimento necessário para atingir grandes energias.

Lawrence começou a pensar em como diminuir o tamanho do tubo e então teve uma ideia genial: entortar o tubo em um círculo! Com mais um par de horas de estudo ele dispensou o tubo: o uso de um campo magnético manteria as partículas em órbitas circulares. Desse modo, bastaria ter uma região com uma voltagem pequena cercada por um magneto. As partículas, em órbitas circulares, passariam várias vezes por essa região, cada vez recebendo uma pequena energia. De fato, cada vez que ganham energia, as partículas têm o raio da órbita um pouco aumentado, e cada uma delas descreve uma trajetória espiral. O fantástico é que, independentemente do raio da órbita (que é determinado pela energia das partículas), o movimento é tal que todas elas completam um ciclo *ao mesmo tempo*. Isso não é mágica, mas sim uma previsão da teoria do eletromagnetismo, que descreve o movimento de partículas com carga elétrica em campos elétricos e magnéticos.

Para fazer uma analogia com o mecanismo concebido por Lawrence, imagine uma pessoa girando uma bola presa em um elástico. Você, a uma certa distância, dá um tapa na bola cada vez que ela passa a sua frente. Depois de alguns tapas a velocidade da bola será bem maior e o elástico estará mais esticado. Para um observador olhando de cima, a bola traçará uma espiral. Esse é um modo de visualizar o processo de aceleração das partículas com carga elétrica. Os seus tapas representam a ação do campo elétrico e o elástico representa a ação do campo magnético nessas partículas, no caso representadas por uma bola.

Lawrence ficou exultante com sua ideia. Parecia tão simples! Como ninguém havia pensado nisso antes? Haveria algum erro? Ele expôs o resultado de suas equações a um professor de matemática da universidade, que as verificou. Perguntando-lhe então o que faria com isso, Lawrence respondeu, com entusiasmo: "Vou bombardear e quebrar átomos!".

Em janeiro de 1931 Lawrence e um de seus alunos, M. Stanley Livingston, colocaram em funcionamento o primeiro protótipo da máquina que ficaria conhecida como "cíclotron". Esse protótipo, com 11 cm de diâmetro, cabia na palma da mão. Com 2 mil volts, Lawrence conseguiu acelerar prótons a uma energia de 80 mil elétron-volts, depois que eles circularam várias vezes pelo equipamento. No ano seguinte, a dupla construiu um cíclotron com 28 cm de diâmetro, obtendo uma energia de 1,27 MeV. Foi a primeira vez que a barreira de 1 milhão de elétron-volts foi rompida. Esse cíclotron foi usado para quebrar átomos apenas algumas semanas após a experiência de Cockcroft e Walton, os alunos de Rutherford. Em 1934 Lawrence patenteou a invenção, mas nunca cobrou royalties e ajudava laboratórios a fabricar seus próprios cíclotrons. Para ele, descobertas científicas não deveriam ser motivadas pelo desejo de obter lucro pessoal, pois isso retardaria o progresso da ciência.

Nos anos seguintes, Lawrence montou, na Universidade de Berkeley, o famoso Radiation Laboratory (conhecido como Rad-Lab), que se tornou o laboratório mais importante do mundo, naquela época, na área de física nuclear. Foi o primeiro espaço desse tipo onde engenheiros e cientistas trabalhavam em conjunto nos experimentos, modelo bem-sucedido depois seguido por outros laboratórios, inclusive o CERN.

Em Berkeley, entre várias outras atividades, o esforço por maiores aceleradores prosseguia. A parte mais cara era o ímã necessário para manter as partículas em órbitas circulares. Lawrence

— que Bohr considerava o sucessor de Rutherford — conseguiu um ímã de 74 toneladas, com 70 cm de diâmetro, que fora construído para gerar ondas de rádio para a Federal Telegraph Company. Recordes de energia foram quebrados um após outro. Em 1933 ele anunciou a obtenção de prótons com energias de 4,8 milhões eV, ou 4,8 MeV.

Lawrence ganhou o prêmio Nobel de física em 1939, "em reconhecimento à invenção do cíclotron, a seu desenvolvimento e aos resultados obtidos, especialmente com a produção de elementos artificialmente radioativos".

Ele logo percebeu que o custo de fabricação e operação desses instrumentos em breve estaria além das possibilidades de uma universidade. Era preciso obter recursos externos. Em 1940, conseguiu o compromisso da Fundação Rockefeller para o financiamento de um "cíclotron gigante", com um ímã de 184 polegadas de diâmetro (4,67 metros), a ser construído em um novo laboratório, em uma colina próxima ao campus da Universidade de Berkeley.

O trabalho em física fundamental, porém, praticamente parou com a entrada dos Estados Unidos na Segunda Guerra Mundial. Já havia cessado na Europa. As melhores mentes foram recrutadas para o chamado "esforço de guerra", fosse no desenvolvimento de novas armas (foguetes, aviões, bombas etc.), fosse em projetos defensivos como o radar e o sonar.

O trabalho de Lawrence durante a guerra foi essencial para a construção da bomba atômica. Sabia-se que uma das maneiras de fabricá-la exigia o uso de um particular isótopo do urânio, que perfaz menos de 1% do urânio encontrado na natureza. Era necessário, portanto, encontrar um modo de separar esse isótopo, cujo núcleo possui três nêutrons a menos que o urânio mais abundante. Essa diferença no número de nêutrons, e portanto na massa do isótopo, levou Lawrence a sugerir o uso de campos magnéticos para realizar a separação, pois partículas com mesma carga

Lawrence em três momentos de sua vida: com um dos primeiros cíclotrons, que cabia na palma da mão (acima, à esq.); com um cíclotron de 37 polegadas (à dir.) e na frente do prédio do grande cíclotron de 184 polegadas em Berkeley, Califórnia.

elétrica mas diferentes massas são defletidas de maneiras diferentes quando passam por campos magnéticos, que eram sua especialidade. O governo dos Estados Unidos investiu maciças quantias de dinheiro nesse programa, cujas imensas instalações em Oak Ridge, no Tennessee, depois de apresentar vários problemas, acabaram por produzir o urânio usado na bomba que destruiu Hiroshima em 1945. As bombas usadas para o primeiro teste e a que foi detonada sobre Nagasaki foram feitas com plutônio, produzido em reatores nucleares.

Dificilmente sabemos até onde pode levar a pesquisa impulsionada pela curiosidade humana, realizada, em um primeiro momento, sem nenhum propósito prático. O objetivo é simplesmente o conhecimento de propriedades e leis básicas que regem o universo, a vontade de descobrir como funciona a natureza. Assim é a pesquisa em física de partículas. Ela levou, por exemplo, à bomba atômica, mas também promoveu grandes avanços tecnológicos, cobrindo aspectos que não haviam sido cogitados ou imaginados. O desenvolvimento de aceleradores é um ótimo exemplo desse processo.

Lawrence sempre estimulou o uso das técnicas desenvolvidas em seu laboratório. O desenvolvimento de ampolas para a produção de raios X, usadas em equipamentos hospitalares, por exemplo, começou no RadLab. Os raios X são produzidos pela colisão de elétrons acelerados com um alvo feito de tungstênio ou molibdênio. A ampola é, na verdade, um pequeno acelerador de elétrons. Em 1937 Lawrence levou a própria mãe, diagnosticada com câncer, para tratamento com o novo equipamento de raios X. Seu irmão médico, John Lawrence, começou a tratar pacientes com feixes de nêutrons em 1940. Um jovem físico chamado Robert Wilson, de quem falaremos mais adiante, trabalhou no RadLab e em 1946 escreveu um artigo em que pela primeira vez foi sugerido o uso de prótons acelerados para tratamento de câncer. Surgia o que ficou conhecido como terapia protônica (às vezes chamada de hadroterapia). Por muitos anos esse tratamento foi puramente experimental, realizado em laboratórios de física de partículas. O primeiro centro de tratamento protônico em um hospital foi inaugurado na Califórnia em 1990. Hoje, cerca de quarenta centros ao redor do mundo realizam esse tratamento de ponta, operando cíclotrons com energias de 70 a 250 MeV.

Além de tratamento para o câncer, existe outra importante aplicação para os cíclotrons. Muitos testes clínicos, como o imageamento por Positron-Electron Tomography, conhecido pela sigla PET, necessitam de substâncias radioativas que perdem potência rapidamente. Não é possível esperar pela importação desses elementos. Os cíclotrons são usados para produzir radiofármacos através do bombardeamento de partículas em determinados alvos. No Brasil existem três grandes cíclotrons que produzem radiofármacos: no Instituto de Engenharia Nuclear do Rio de Janeiro, com capacidade para acelerar prótons a uma energia de 24 MeV, no Instituto de Pesquisas Energéticas e Nucleares de São Paulo e no Centro Regional de Ciências Nucleares do Recife, com energias similares.[3] Há também cíclotrons menores em alguns hospitais, como o Hospital das Clínicas de São Paulo, e em empresas particulares, como a Cyclobras, em Campinas (cíclotron de 11 MeV). Hoje existem cerca de dez companhias no mundo que fabricam cíclotrons, e é possível comprar um deles por até 2 milhões de dólares.[4]

Alguns importantes radiofármacos só podem ser produzidos por bombardeamento com nêutrons, que não podem ser gerados em cíclotrons. Em maio de 2013 foi assinado um contrato para a construção do Reator Multipropósito Brasileiro, que proverá um grande fluxo de nêutrons com esse objetivo. Com um custo estimado de 500 milhões de dólares, o equipamento será construído em Iperó, no interior de São Paulo, e deverá entrar em funcionamento em 2018.[5]

5. Raios cósmicos

Victor Hess era um desses físicos curiosos e destemidos. Em 1912, o austríaco de 28 anos subiu em um balão munido de um aparelho capaz de medir a radiação ambiente. Pensava-se na época que a Terra seria uma fonte de radiação e que, portanto, esta deveria diminuir à medida que o instrumento se afastasse da superfície terrestre. Em uma série de voos com altitudes de mais de 5 km, pondo em risco sua própria vida, Hess descobriu que, ao contrário do esperado, a intensidade da radiação aumentava em grandes altitudes. Isso o levou a concluir que havia algum tipo de radiação na atmosfera terrestre proveniente do espaço. Esse novo tipo de radiação, confirmado posteriormente por vários outros experimentos, foi denominado "raios cósmicos".

Nesse mesmo período, inspirado pelo fenômeno da formação de nuvens na atmosfera, o físico escocês Charles T. R. Wilson inventou a chamada câmara de nuvens, o primeiro detector de partículas. Esse instrumento opera usando o princípio segundo o qual quando uma partícula com carga elétrica passa por um meio contendo vapor de água próximo do ponto de condensação, cria regiões onde a condensação ocorre, formando uma nuvem ao seu redor. Assim, podemos detectar seus rastros. Isso é similar aos traços de nuvens brancas deixados por aviões no céu em dias claros. Em 1911, Wilson foi a primeira pessoa a fotografar os traços individuais deixados por partículas alfa e elétrons.

Não haveria experimentos em física de partículas sem detectores capazes de "enxergar" as diversas reações que podem acontecer em experimentos. Rutherford, ao bombardear átomos de ouro com partículas alfa, usou como detectores simples cintiladores, substâncias que emitem luz quando atingidas por partículas carregadas. A câmara de nuvens foi um enorme avanço, pelo qual Wilson ganhou o prêmio Nobel em 1927.

Não demorou muito para que os físicos usassem a câmara de nuvens nos estudos dos raios cósmicos. A primeira partícula de antimatéria foi descoberta dessa maneira. Em 1929, o físico britânico Paul A. M. Dirac desenvolveu uma teoria, para descrever o elétron, que previa a existência de uma partícula com as mesmas características do elétron, mas com carga elétrica oposta, positiva em vez de negativa. Essa partícula, denominada pósitron, é a antipartícula do elétron. Quando um elétron colide com um pósitron ocorre um processo denominado "aniquilação": elétron e pósitron desaparecem, sendo então geradas duas partículas de luz, os fótons. Esse é o princípio usado pelo exame médico denominado PET, mencionado anteriormente. Para cada partícula existe uma antipartícula, com características semelhantes mas carga elétrica oposta. As antipartículas constituem a chamada antimatéria. Em 1932, o físico norte-americano Carl D. Anderson detectou o pósitron, produzido por raios cósmicos, em uma câmara de nuvens. Hess e Anderson dividiram o prêmio Nobel de 1936.

A pesquisa em raios cósmicos avançou rapidamente. Uma

partícula elementar nova e totalmente inesperada para os físicos, o múon, foi descoberta em 1936 por Anderson e Seth Neddermeyer. O múon é uma espécie de elétron mais pesado, com aproximadamente duzentas vezes sua massa, e se desintegra rapidamente em dois milionésimos de segundo.

Os raios cósmicos, quando incidem na atmosfera terrestre, geram uma enorme quantidade de partículas, apropriadamente chamadas de "chuveiros", muitas das quais, como múons, acabam chegando à superfície da Terra. Pierre Auger, o físico que ajudou a criar o CERN, realizou em 1938 experimentos nos Alpes mostrando que esses chuveiros podem ser extensos, com dezenas de metros. Ele estimou a energia do raio cósmico necessária para gerar o chuveiro e chegou a um número no mínimo impensável para a época: 1000 TeV. Essa energia é cerca de 250 vezes maior que a energia final de um próton acelerado atualmente no LHC! Os processos cósmicos que dão origem a partículas com tamanha energia ainda são objetos de intenso estudo.

Nos anos 1930 a pesquisa em física no Brasil estava começando. A vinda do físico russo naturalizado italiano Gleb Wataghin, em 1934, para a então recém-criada Universidade de São Paulo foi um dos fatores fundamentais para o início do estudo da física em nosso país.[1] A primeira geração de pesquisadores brasileiros foi criada por Wataghin, um dos últimos físicos que atuavam tanto na teoria quanto em experimentos. Ele havia trabalhado com Fermi em Roma e montou no Brasil um grupo para estudar os raios cósmicos. Em 1937 o grupo já publicava resultados em revistas internacionais. Em 1940 Wataghin e seus alunos Marcello Damy de Souza Santos e Paulus Aulus Pompeia publicaram um importante trabalho no qual demonstravam a existência de chuveiros extensos, como os detectados por Auger, mas dentro do túnel da avenida Nove de Julho, então em construção em São Paulo, indicando que esses chuveiros podem penetrar grandes quantidades de matéria. Em poucos anos Wataghin e seus pupilos estavam competindo em pé de igualdade com os grupos de pesquisa ao redor do mundo.[2]

César M. Lattes iniciou seus estudos na USP em 1941. Wataghin percebeu seu potencial e o convidou para ser seu assistente. Em 1946 Lattes foi enviado para trabalhar na Universidade de Bristol, com o físico britânico Cecil Powell. Powell havia desenvolvido outra técnica para observar partículas elementares, usando emulsões fotográficas. As partículas deixavam um traço nas emulsões, uma "fotografia" de suas trajetórias. Lattes teve uma ideia para melhorar a eficiência das emulsões, adicionando um composto químico chamado borato de sódio. Algumas dessas novas emulsões foram expostas por seis semanas em altitudes elevadas na França. Depois de reveladas, mostraram traços que revelaram a existência de uma nova partícula: o méson-pi ou píon.

Porém, apenas dois eventos foram observados. Lattes propôs expor as novas emulsões turbinadas no pico de Chacaltaya, a 5200 metros de altitude, próximo a La Paz, na Bolívia, onde havia uma estação meteorológica. Ele levou pessoalmente as emulsões, que foram reveladas e analisadas após sua volta a Bristol. Trinta novos eventos foram observados, confirmando em 1947 a descoberta da partícula que havia sido prevista pelo físico japonês Hideki Yukawa em 1935. Esse trabalho teve enorme impacto. Lattes foi provavelmente o brasileiro mais próximo de receber o prêmio Nobel, que acabou sendo concedido a Powell em 1950 apenas pelo "desenvolvimento do método fotográfico para estudar processos nucleares e suas descobertas relacionadas a mésons realizadas com esse método".

Lattes retornou ao Brasil em 1949, com apenas 25 anos, e participou da fundação do Centro Brasileiro de Pesquisas Físicas, no Rio de Janeiro, assim como da criação do Conselho Nacional de Pesquisas, o CNPq, em 1951 (o nome atual é Conselho Nacional de Desenvolvimento Científico e Tecnológico, mas manteve-se a sigla original). Foi uma pessoa-chave na instalação do Laboratório de Física Cósmica em Chacaltaya. Muitos físicos brasileiros trabalharam com as emulsões fotográficas expostas em Chacaltaya. Em 1961 Lattes participou do estabelecimento da Colaboração Brasil-Japão, que por mais de trinta anos utilizou o Laboratório de Física Cósmica para realizar experimentos. Lattes mudou-se para a então recém-criada Unicamp em 1967. Ao novo Instituto de Física foi merecidamente dado o nome de Gleb Wataghin, que havia retornado a Turim em 1949. Lattes formou um grupo de pesquisa em raios cósmicos e geocronologia.

Um dos motivos pelos quais eu quis fazer minha graduação em física na Unicamp foi a presença de Lattes. Comecei o curso em 1979, justamente na época em que Lattes pensava ter descoberto um erro na teoria da relatividade de Einstein. Lembro-me da comoção e das aulas públicas concorridas, algumas ao ar livre. Apesar de não entender muita coisa, eu queria acreditar nos resultados, que ao fim se mostraram incorretos. Algumas declarações de Lattes soavam de fato esdrúxulas (por exemplo, "Einstein obrou fora do penico") — posteriormente vim a saber que ele sofria de uma doença de origem neurológica. Conheci Lattes pessoalmente apenas em 1995, quando fui convidado, com meu ex-orientador de doutorado, para visitá-lo em sua casa e conversar sobre física. Ele se aposentou em 1986 e faleceu em 2005, deixando um grande legado para o Brasil.

Wataghin em 1940, com um aparelho para medir raios cósmicos em grandes altitudes a bordo de um avião da FAB (acima), e em 1971, em frente ao Instituto de Física da Unicamp que leva seu nome.

A pesquisa em física de partículas usando raios cósmicos como projéteis continuou na década de 1950, com a descoberta de novas partículas. O artigo II da convenção que estabeleceu o CERN menciona explicitamente que um de seus objetivos é o trabalho em raios cósmicos (não poderia ser diferente, ainda mais com o envolvimento de Auger). Entretanto, esse trabalho apresentava muitas dificuldades. Primeiro, os eventos provocados por raios cósmicos eram raros e incontroláveis. Era difícil fotografar, tanto em emulsões quanto em câmaras de nuvens, traços que revelassem a existência de novas partículas. Além disso, diferentes grupos experimentais tiveram problemas em reproduzir os resultados — e a reprodução é condição importante para a verificação de novos fenômenos. As mensurações das características das novas partículas, como sua massa, carga elétrica e meia-vida (tempo médio de desintegração), sofriam de grandes imprecisões.

O desenvolvimento de novos aceleradores de partículas, nos quais os experimentos podiam ser feitos de maneira controlada e reprodutível, levou, em fins dos anos 1940, a pesquisa em física de partículas a migrar para esses novos instrumentos. Paradoxalmente, o acontecimento que marcou o início dessa transição teve a participação decisiva de Lattes. No fim de 1947 ele deixou Bristol para trabalhar em Berkeley, no acelerador de 184 polegadas de Lawrence — que entrara em funcionamento após a guerra. Levou suas emulsões fotográficas, que foram expostas ao feixe do acelerador.

Em menos de uma semana Lattes conseguiu detectar os traços característicos que os píons deixavam nas emulsões. Esse resultado teve imensa repercussão, com direito a reportagem na revista *Time* em março de 1948. Pela primeira vez uma nova partícula era produzida por cientistas em um laboratório. E produzida copiosamente: trinta segundos de exposição no acelerador produzia cem vezes mais píons do que Lattes havia observado expondo suas

Lattes, então com 23 anos (à esq.), e Eugene Gardner (à dir.) na sala de controle do cíclotron de Berkeley em 1948, logo após o anúncio da produção e detecção de píons nesse acelerador.

emulsões aos raios cósmicos por 47 dias! Esse enorme fluxo de píons permitiria um estudo mais minucioso e controlado de suas propriedades. Estava iniciada a era do estudo de física de partículas em aceleradores.

Apesar de a grande maioria dos resultados em física de partículas, a partir de meados da década de 1950, ter sido obtida em experimentos realizados em aceleradores de partículas, uma pequena comunidade continuou trabalhando com raios cósmicos, com o principal objetivo de entender sua origem e composição. Lattes era um de seus líderes. As partículas de maior energia já examinadas até hoje ainda são observadas em raios cósmicos. O recorde foi medido em 1991: um evento com energia de 320 000 000 TeV! Não há atualmente, ou em um futuro próximo, possibilidade de um acelerador conseguir tal energia — que corresponde, aproximadamente, à energia de uma bola de futebol depois de um bom chute. Pode parecer pouco, mas lembremos que toda essa energia está concentrada em apenas uma partícula subatômica.

Para estudar a origem desses raios cósmicos de altíssimas energias deve-se enfrentar o problema de que esses eventos são muito raros: estima-se que a frequência de incidência de raios cósmicos na Terra com energias maiores que 100 000 000 TeV seja de aproximadamente um evento por quilômetro quadrado por século! Assim, existiam somente duas possibilidades para a obtenção de um número razoável de eventos: esperar um tempo muito longo ou construir um detector com uma grande área. A segunda possibilidade era a mais factível para cientistas impacientes que gostariam de estar ainda vivos para ver os resultados. Portanto, vários detectores com grandes áreas foram construídos ao longo dos anos. Talvez o ápice desse processo tenha sido o Observatório Pierre Auger de Raios Cósmicos, uma colaboração internacional de dezenove países, com importante participação brasileira desde o início de seu planejamento, em 1992.[3] Esse observatório cobre uma vasta área de 3000 km^2 (aproximadamente duas vezes a área da capital de São Paulo) nos pampas argentinos, próximo à cidade de Malargüe, na província de Mendoza. Sua construção foi finalizada em 2008. Até julho de 2011 havia detectado cerca de 5 mil eventos com energias maiores que 10 000 000 TeV.[4] Uma importante pista para a origem dos raios cósmicos de altíssimas energias foi a evidência, encontrada pela equipe do Observatório Auger, de uma correlação entre a direção desses eventos com a posição dos núcleos ativos de galáxias, nos quais, acredita-se, ocorrem violentos processos devido à presença de um enorme buraco negro.[5] Porém, ainda não existe uma confirmação definitiva com relação aos processos que poderiam gerar esses raios cósmicos no coração de galáxias distantes. Tampouco se conhece sua composição, mas acredita-se que seja uma mistura de prótons e núcleos de ferro. Ainda há muito trabalho por fazer nesse campo de pesquisa.

6. Os aceleradores no pós-guerra e o CERN

Após o término da Segunda Guerra Mundial, os físicos, cuja maioria fora recrutada para trabalhar em projetos relacionados ao conflito, começaram a voltar para suas universidades, retomando pesquisas que haviam sido interrompidas.

Lawrence não perdeu tempo em transformar o magneto de 184 polegadas de diâmetro, usado para o enriquecimento de urânio durante a guerra, em um acelerador de partículas, sua função original. O financiamento para a pesquisa básica deixou de ser um problema devido ao reconhecimento de sua importância para o desenvolvimento do país (e o apoio dos militares, que naquele momento viam essa pesquisa como necessária para manter a liderança bélica norte-americana no período da Guerra Fria). Um prédio especialmente projetado para abrigar o novo acelerador de Lawrence foi construído em uma colina próxima à Universidade de Berkeley (ver na p. 37).

Nessa época já era conhecida uma limitação fundamental do cíclotron. Como descrito pela teoria da relatividade de Einstein, uma partícula em movimento possui, efetivamente, massa maior do que quando em repouso. Esse efeito é desprezível para pequenas velocidades, mas torna-se importante quando velocidades próximas à da luz são atingidas. Esse é o caso de partículas aceleradas no cíclotron. Quando isso ocorre, as trajetórias das partículas dentro do cíclotron começam a perder sincronia, tornando ineficiente o mecanismo de aceleração. O problema foi resolvido com um ajuste na frequência de variação do campo elétrico, responsável pela aceleração das partículas. Surgia assim o sincro-cíclotron de Berkeley, que começou a operar em novembro de 1946, produzindo feixes de partículas alfa com energia de 390 MeV. Foi nele que Lattes teve importante participação na primeira detecção de píons produzidos artificialmente em laboratório.

O ritmo intenso de trabalho e a pressão sofrida durante a guerra acabaram por afetar a saúde de Lawrence, que faleceu em 1958, com apenas 57 anos. Seu laboratório foi oficialmente renomeado Ernest O. Lawrence Berkeley Laboratory (conhecido pela sigla LBL), e hoje emprega mais de 4 mil funcionários, realizando pesquisa de ponta em diferentes áreas do conhecimento. Vários prêmios Nobel de física, inclusive o de 2011, na área de cosmologia, foram recebidos por pesquisadores do LBL.[1]

No final da década de 1940 e no início dos anos 1950 havia cerca de dez sincro-cíclotrons em funcionamento no mundo. Em princípio, não há limites nas energias que podem ser obtidas em um sincro-cíclotron. Basta aumentar o diâmetro do acelerador, pois quanto maior a energia maior será o raio da órbita das partículas. Entretanto, toda a área do acelerador deve estar imersa em um campo magnético, responsável por manter as partículas em órbitas espirais. Isso exige enormes magnetos, o que torna o custo bastante alto. Em 1945 surgiu uma ideia nova e revolucionária: as partículas não mais realizariam órbitas espirais, cujo raio aumenta com a energia. Nesse novo conceito, o raio da órbita das partículas seria mantido fixo, mesmo com o incremento da energia através de um aumento gradual do campo magnético.[2] Esse tipo de acelerador foi denominado "síncroton". Portanto, a evolução dos tipos de aceleradores pode ser representada assim: cíclotron sincro-cíclotron síncroton.

Nos Estados Unidos do pós-guerra, a Comissão de Energia Atômica (AEC, na sigla em inglês) assumiu o controle do programa de energia nuclear, que envolvia a construção de aceleradores. Em 1948 tomou-se a decisão de construir dois grandes síncrotons naquele país. Na Costa Leste, o Cosmotron, com energia de 3 GeV, foi finalizado em 1952 em um novo laboratório nacional em Brookhaven, no estado de Nova York. Rabi, uma das figuras importantes na iniciativa que levou à fundação do CERN, dirigiu um conselho da AEC e participou ativamente da criação de Brookhaven. O Cosmotron foi o primeiro síncroton de prótons do mundo e o primeiro acelerador a superar a barreira de 1 GeV. Na Costa Oeste, em Berkeley, foi construído o Bevatron, com energia de 6 GeV, que entrou em funcionamento em 1954.

Foi nesse cenário que o CERN realizou seu planejamento científico, antes mesmo que sua criação fosse ratificada pelos países-membros. Em 1951 foram sugeridas duas metas. A primeira, ambiciosa e de longo prazo, envolvia a construção de um acelerador do tipo síncroton de prótons (designado pela sigla PS), que deveria ser o mais potente do mundo. Nada mau para uma instituição que nem sequer existia oficialmente. A segunda meta, de curto prazo, consistia na construção de um acelerador tradicional menos potente, do tipo sincro-cíclotron (designado pela sigla SC), para iniciar o mais rapidamente possível a pesquisa em física de partículas dentro do contexto de unidade europeia, solidificando as relações entre os físicos de várias nações e preparando o caminho para os desafios maiores do futuro.

A preparação do terreno para a construção do laboratório do CERN em Meyrin, subúrbio de Genebra, teve início em maio de 1954. Seu primeiro diretor-geral, o físico suíço-americano Felix Bloch, professor da Universidade Stanford e ganhador do prêmio Nobel de 1952, colocou a pedra fundamental em uma cerimônia realizada em 10 de junho de 1955 (e renunciou ao cargo logo em seguida, por motivos pessoais). Já havia grupos contratados pelo CERN trabalhando no projeto dos aceleradores, alojados temporariamente em lugares próximos a Genebra. Quando a infraestrutura ficou pronta, as pessoas já contratadas mudaram definitivamente para o novo laboratório. Havia três grupos científicos: o teórico, o encarregado do projeto do SC e o encarregado do projeto do PS.

O primeiro grupo a ser de fato estabelecido foi a Divisão de Teoria. Não era necessário esperar pela construção do laboratório para iniciar o trabalho dos físicos teóricos. Bohr rapidamente ofereceu as instalações de seu famoso instituto em Copenhague para liderar e sediar temporariamente o grupo teórico. Isso ocorreu antes até da escolha definitiva do lugar onde seria construído o CERN. Entre 1952 e 1953 o dinheiro dos países-membros que investiam no CERN foi usado para a contratação de teóricos que trabalhariam no instituto de Bohr; em 1954 havia 24 físicos teóricos e duas secretárias no grupo teórico do CERN em Copenhague. Obviamente Bohr fez campanha para que Copenhague fosse o local escolhido para acolher o CERN. Na realidade, Bohr e alguns aliados, principalmente da Inglaterra e de países escandinavos, eram contra o plano de Auger, Amaldi e companhia, que já havia sido discutido e aprovado em várias instâncias. Em uma carta a Auger em outubro de 1951, Bohr sugeria fortemente que o laboratório fosse inicialmente associado a um centro de pesquisa já existente, e que um cuidadoso planejamento de longo prazo fosse realizado para especificar os equipamentos experimentais necessários. Auger teve de usar toda sua habilidade política para evitar que a proposta alternativa de Bohr fosse adiante.[3] Felizmente, ele conseguiu referendar o plano de construir o SC e o PS no novo laboratório de Genebra. A Divisão de Teoria mudou-se definitivamente para o CERN no início de 1957.

O pessoal responsável pelo SC era liderado pelo físico holandês Cornelis Bakker, que já havia participado da construção de um sincro-cíclotron na Universidade de Amsterdam. Os dois magnetos de 7,2 metros de diâmetro do SC pesavam sessenta toneladas cada um e foram construídos na Bélgica. O equipamento, primeiro acelerador do CERN, começou a dar sinais de vida em agosto de 1957, com prótons sendo acelerados a uma energia de

Os dois magnetos do SC chegam a Meyrin, em 1956.

600 MeV. Os primeiros experimentos no novo laboratório europeu foram realizados em 1958.

O SC teve vida longa, e parou de funcionar definitivamente apenas em 1990. O grupo de educação do CERN planeja reformar o espaço do SC para usá-lo como exibição para as centenas de estudantes e leigos que visitam o laboratório diariamente.[4]

Bakker assumiu o posto de diretor-geral do CERN após a saída de Bloch e permaneceu no cargo até sua inesperada morte em um acidente aéreo em 1960.

7. O primeiro recorde do CERN

Quando terminou o colegial, em 1936, John Adams não quis ir para a universidade. O jovem inglês, então com dezesseis anos, tinha pressa. Queria logo começar a trabalhar em algo prático. Conseguiu um estágio no laboratório da Siemens e obteve um diploma em um curso noturno de eletrônica para se tornar membro do Institution of Electrical Engineers.[1] Quando mais tarde lhe perguntavam sobre sua falta de formação formal, Sir Adams costumava dizer: "Se frequentar uma universidade significa um aprendizado com mestres capazes, eu tive ampla oportunidade de fazê-lo".

Após a guerra, a Inglaterra decidiu construir um sincro-cíclotron de 100 polegadas em um laboratório dirigido por Sir Cockcroft (o ex-aluno de Rutherford) e Adams participou desse esforço. Em dezembro de 1952, ele foi apresentado por Cockcroft a Amaldi, quando este viajou à Inglaterra para conseguir apoio inglês para a construção do CERN. Amaldi ficou muito bem impressionado com o jovem, que se mostrou motivado a trabalhar no novo laboratório europeu.[2]

O conselho do CERN havia aprovado em maio de 1952 a construção do síncroton de prótons (PS), que deveria ser uma versão turbinada do então recém-construído Cosmotron nos Estados Unidos, o maior do mundo. Um grupo liderado pelo físico norueguês Odd Dahl foi incumbido de realizar o projeto. No mesmo ano, Dahl e alguns colaboradores viajaram aos Estados Unidos para conhecer de perto o Cosmotron. Foram recebidos por físicos do laboratório nacional de Brookhaven, onde funcionava o equipamento. Eles tinham uma grande novidade para contar: haviam descoberto uma nova técnica, chamada "focalização forte" ou "gradiente alternado", que permitiria diminuir o custo do acelerador, mantendo sua energia. O grupo do CERN, entusiasmado pelo grande avanço, decidiu mudar o projeto para adotar a nova técnica: percebeu que com o mesmo orçamento seria possível projetar um acelerador de 25 GeV, quase três vezes a energia do projeto original. Essa foi uma atitude extremamente ousada, pois pela primeira vez essa técnica, recém-criada e existente apenas em trabalhos teóricos, seria colocada em prática. Isso sempre traz enormes riscos, pois podem surgir problemas inesperados.

É interessante notar o espírito de cooperação existente na comunidade de físicos. Apesar de serem laboratórios rivais, Brookhaven e CERN não só trocaram informações abertamente como Brookhaven incentivou e ajudou cientistas do CERN a realizar o projeto inovador do PS. Físicos de Brookhaven até foram trabalhar no projeto do CERN. Tudo pelo avanço da ciência, campo em que a competição amigável é imprescindível. Isso seria praticamente impossível no setor privado.

John Adams foi contratado pelo CERN no final de 1953. Em 1954, o vice-líder do grupo faleceu e nesse mesmo ano Dahl decidiu retornar para a Noruega. Adams, com apenas 33 anos, assumiu o papel de novo líder do grupo responsável pela construção do PS.

Em 25 de novembro de 1959 Adams estava à frente de um auditório lotado no CERN, com uma garrafa vazia de vodca nas mãos. Havia recebido essa garrafa cheia do diretor do laboratório em Dubna, na então União Soviética, onde operava o acelerador mais potente do mundo na época, com energia de 10 GeV. O diretor havia dito a Adams que a garrafa deveria ser aberta apenas quando esse recorde fosse quebrado. Isso acontecera na noite anterior, quando o PS acelerara prótons com energias de até 24 GeV. A equipe celebrou com a vodca russa. Com 628 metros de circunferência e apenas 277 eletroímãs convencionais, o PS funciona até hoje, com algumas modificações, fazendo parte do complexo de máquinas que aceleram prótons em vários estágios antes de eles serem injetados no gigantesco acelerador LHC.

Em menos de dez anos, o CERN, no início uma ideia abstrata e até certo ponto idealista de um pequeno grupo de físicos, tornara-se o maior laboratório de física de partículas da Europa, competindo em pé de igualdade com outros laboratórios do planeta. Em 1959 quebrou o recorde mundial de energia de aceleração de prótons. Mas essa supremacia não durou muito. Poucos meses depois entrou em funcionamento o sucessor do Cosmotron em Brookhaven, denominado Alternating Gradient Syncroton (AGS). Usando o conceito de focalização forte, desenvolvida originariamente em Brookhaven, a nova máquina acelerava prótons a energias de 33 GeV. Os dois projetos, do PS e do AGS, foram feitos em paralelo, com colaboração harmoniosa entre os grupos do CERN e de Brookhaven.

Após a morte inesperada de Bakker, em 1960, Adams assumiu interinamente a direção do CERN, onde ficou por poucos meses até a posse do novo diretor-geral escolhido pelo conselho, o físico teórico austríaco naturalizado norte-americano Victor Weisskopf, professor do conceituado MIT.

Adams retornou à Inglaterra em 1961 para dirigir um novo

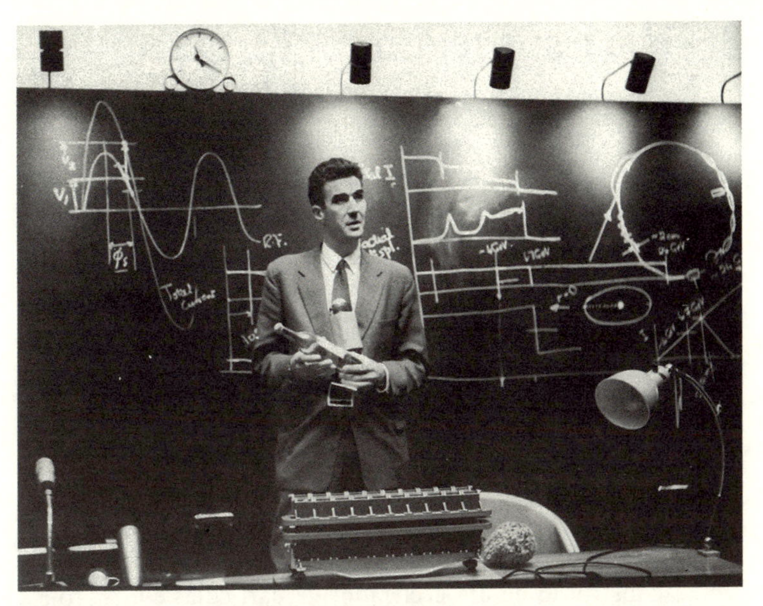

John Adams com a garrafa de vodca em 1959.

laboratório de física de plasmas, onde eram desenvolvidas pesquisas em fusão nuclear. Ao contrário da fissão nuclear, processo usado para gerar energia em reatores nucleares a partir da divisão de certos núcleos atômicos, a fusão nuclear pode produzir energia de maneira limpa, sem poluentes. Esse é o modo como a energia no Sol é produzida. Realizar a fusão nuclear em escalas industriais era um sonho antigo e acreditava-se, na época, que ele poderia tornar-se factível. Infelizmente, até hoje ainda não foi possível gerar energia de modo economicamente viável através da fusão nuclear. Mas as pesquisas continuam.[3] Entretanto, o CERN ainda precisaria da capacidade e do talento de Adams para levar adiante futuros projetos.

8. Os passos seguintes do CERN

A construção de um acelerador de partículas é um projeto complexo e de longo prazo. Esse prazo aumenta rapidamente com o tamanho do acelerador e as inovações tecnológicas necessárias. O LHC, por exemplo, levou cerca de vinte anos para ser planejado e construído. Isso obriga os laboratórios a tomar decisões com muitos anos de antecedência.

Logo após a entrada em funcionamento do PS, Adams recomendou ao conselho do CERN que se começasse o planejamento da máquina que o substituiria. Um grupo de trabalho foi designado em 1962 para estudar as diferentes possibilidades. Duas propostas surgiram. A primeira foi a construção de um equipamento tradicional, baseado no projeto já conhecido e testado do PS, mas com maior energia. Esse acelerador ficou conhecido como Super Próton Síncroton (SPS). A segunda proposta foi construir uma máquina inovadora, mas de menor energia, cuja maior utilidade seria testar uma ideia nova que, caso bem-sucedida, mudaria o rumo dos futuros aceleradores de partículas.

A maneira como se realizavam os experimentos até então era

muito simples: dirigia-se o feixe de partículas aceleradas (geralmente prótons, mas outras também eram usadas) para um alvo estacionário e analisavam-se os resultados das colisões, detectados com instrumentos especializados. Esse tipo de arranjo experimental ficou conhecido pelo nome não muito imaginativo de "experimentos com alvo fixo". No entanto, a energia das colisões seria muito maior caso fosse possível realizá-las entre partículas em movimento, em direções opostas. Imagine-se caminhando distraidamente e trombando com uma pessoa: o impacto é bem maior caso essa pessoa esteja caminhando em sua direção, e não parada. Portanto, a ideia inovadora seria acelerar dois feixes de partículas em direções opostas (um feixe no sentido horário e o outro no sentido anti-horário), em anéis circulares, fazendo com que esses feixes colidissem frontalmente em regiões de intersecção dos anéis. Esse é o conceito do Intersecting Storage Rings (ISR), a segunda proposta do grupo de trabalho, com dois anéis acelerando prótons até 28 GeV em cada um. Portanto, a colisão entre dois prótons ocorreria a uma energia total de 56 GeV. Esse número pode parecer pequeno, mas equivale a energias de mais de 1,5 mil GeV para prótons na configuração de alvo fixo!

Esse tipo de configuração ficou conhecido como anéis de colisão, ou colisores (tradução livre do termo *colliders*). Todos os aceleradores modernos, como o LHC, são do tipo colisor.

Em dezembro de 1965 o conselho do CERN aprovou a construção do ISR em um túnel subterrâneo circular com aproximadamente 1 km de circunferência, cuja execução começou no ano seguinte. O projeto, com dois anéis concêntricos — exceto nas oito regiões onde ocorre a colisão entre os feixes —, foi liderado pelo físico norueguês Kjell Johnsen, que trabalhara com Adams na construção do PS. No entanto não havia espaço para o ISR dentro da área cedida pela Suíça para o CERN. Um acordo assinado com a França permitiu a expansão do laboratório em território francês.

Assim, o CERN se transformou de fato em um laboratório internacional. Pode-se atravessar a fronteira sem perceber, caminhando dentro do laboratório. Em 27 de janeiro de 1971 as primeiras colisões do mundo entre dois feixes de prótons foram realizadas no ISR.[1] O sucesso mostrou o caminho para os futuros projetos. Durante o funcionamento da máquina, por treze anos, várias técnicas e conceitos, que seriam futuramente usados, foram testados e aperfeiçoados. Um dos maiores desafios, superado vários anos depois, foi obter um grande número de colisões, pois os feixes eram ainda bem rarefeitos.

O projeto mais ambicioso era sem dúvida o do SPS, que substituiria o PS na fronteira de altas energias no CERN. O grupo de trabalho havia sugerido que o SPS alcançasse uma energia de 300 GeV, mais de dez vezes superior à do PS. Seu tamanho seria também dez vezes maior que o PS, atingindo 7 km de circunferência. Os planos para a construção do SPS ainda não haviam sido aprovados em 1967. De fato, surgira um impasse: o tamanho do SPS exigia um novo laboratório. Em 1964, o conselho convidou os países-membros a apresentar sugestões para alojar a nova máquina. Dentre as mais de vinte propostas apresentadas, cinco foram selecionadas como finalistas em 1967. Todos queriam sediar o novo laboratório. Criou-se um problema político, pois havia posições radicais de vários países-membros, que desistiriam de participar do projeto caso a proposta por eles apoiada não fosse aprovada. No final de 1969, o impasse continuava. O conselho do CERN teve de recorrer à pessoa mais capacitada do mundo para resolver a situação: John Adams retornou da Inglaterra para comandar o projeto do SPS. Em junho de 1970 Adams fez uma proposta genial ao conselho, que não apenas acabou com o problema político mas trouxe várias vantagens técnicas e financeiras para o laboratório. O SPS poderia ser construído em uma extensão do CERN usando o PS como injetor! O feixe de prótons sofreria uma primeira aceleração no PS, a uma energia de 28 GeV, antes de ser injetado no novo anel do SPS, economizando os custos totais da nova máquina. O projeto era irresistível e foi aprovado em fevereiro de 1971. Criou-se outro laboratório, o II, para o SPS, e o conselho decidiu que haveria um diretor-geral para cada laboratório. Adams foi nomeado diretor-geral do laboratório II.

As escavações para o túnel subterrâneo de quarenta metros de profundidade que abrigaria o SPS foram iniciadas logo em seguida, em outro terreno cedido pela França, em Prévessin, a poucos quilômetros do laboratório I, em Meyrin. Em 17 de junho de 1976, apenas cinco anos após a aprovação do projeto, Adams comunicou ao conselho que o SPS havia acelerado prótons a energias de 300 GeV e pediu autorização para aumentá-la até 400 GeV, o que ocorreu no mesmo dia. Mais uma vez Adams conseguia terminar um projeto de grande envergadura no prazo e no orçamento estipulados pelo conselho.[2] No entanto, aquele já não era o

Interior do túnel do SPS em 1976.

acelerador de maior energia no mundo. O atraso nas decisões do conselho colaborou para que o CERN perdesse a dianteira das altas energias, naquele momento, para um novo laboratório nos Estados Unidos, chamado Fermilab.

Em 1976 os laboratórios I e II foram unificados. No entanto, o conselho decidiu manter a política de ter dois diretores-gerais, um deles para aceleradores (Adams foi o nomeado), e outro para o programa em física, assumido pelo físico belga Léon van Hove, diretor da Divisão Teórica.

Após o fim de seu mandato, em dezembro de 1980, Adams retornou a seu escritório no laboratório em Prévessin, que ele ajudou a construir, e se colocou à disposição para colaborar, como consultor, com vários outros projetos. Faleceu em Genebra em 1984, com apenas 63 anos, em decorrência de câncer no pulmão. "Fumava muito", disse-me Roger Anthoine.

Alugar um apartamento perto do CERN era uma tarefa muito difícil, principalmente em outubro, quando novos contratados chegavam em massa. Vi meus colegas bastante estressados na busca por uma moradia. Eu havia feito uma reserva de um mês em um apart-hotel e não estava muito preocupado, pois poderia estender esse período. Além disso, o apart-hotel possuía estúdios com dois dormitórios, que eu poderia alugar quando minha família chegasse. No entanto, quando recebi uma mensagem, no final de outubro de 2011, sobre um apartamento mobiliado disponível, peguei o telefone e agendei um encontro com o proprietário para o mesmo dia, em minha sala. Foi a primeira vez que encontrei Roger Anthoine, um senhor de 85 anos, elegante e em perfeita forma física e mental. Ele me levou em seu carro para ver o apartamento. Era maravilhoso, no oitavo andar de um edifício próximo ao centro de Saint-Genis-Pouilly, mesmo vilarejo do meu apart--hotel, a três quilômetros do CERN. A vista era primorosa: podia-se ver o Mont-Blanc ao longe, após o maciço de Salève, conhecido como "o balcão de Genebra", e, do outro lado, as montanhas Jura. Imediatamente disse-lhe que estava interessado e acabei alugando o apartamento até o fim de minha estada no CERN. Foi uma sorte incrível. Incrível também era *Monsieur* Anthoine.

Roger Anthoine foi contratado pelo CERN em seus primórdios, em 1958, para fazer parte do então chamado Escritório de Informações Públicas. O jornalista belga ficou encarregado de desenvolver um boletim que divulgasse as atividades do laboratório. Criou o *CERN Courier*, cujo primeiro número circulou em agosto de 1959. Anthoine foi seu editor até a aposentadoria, em 1986, e escreveu um pequeno ensaio sobre ele no cinquentenário de sua criação, em 2009.[3] Nossas conversas sobre seus tempos no CERN são inesquecíveis.

Roger Anthoine quando se aposentou do CERN, em 1986 (acima), e em 2012, na cozinha de seu apartamento, com Miriam Rosenfeld.

9. Fermilab: a concorrência do outro lado do oceano

Robert Rathbun Wilson estava sentado em um café parisiense após a aula de desenho, traçando esboços em um caderno. Porém, não conseguia se concentrar em desenhar as figuras sugeridas em classe. Em vez disso, esboçava projetos de aceleradores de partículas.[1]

Com o início do funcionamento do AGS no Laboratório Nacional de Brookhaven, que ocupou o posto de acelerador de maior energia no mundo, estava na hora de planejar o próximo passo nos Estados Unidos. No começo da década de 1960, vários grupos submeteram propostas para construir aceleradores com energias entre 100 e 1000 GeV à AEC, responsável por esse setor. A AEC instituiu um painel de ilustres físicos para julgar as propostas. Basicamente, havia propostas de Berkeley, Brookhaven e de uma associação de universidades no Meio-Oeste americano. Berkeley e Brookhaven levavam vantagem. Possuíam experiência na construção de aceleradores, com infraestrutura e pessoal técnico, o que otimizaria o projeto. Como Brookhaven acabara de construir o AGS, o mais lógico e sensato seria Berkeley ganhar a indicação para sediar o próximo grande acelerador. De fato, em 1963 o painel recomendou que o governo americano autorizasse, o mais rápido possível, a construção de um acelerador com energia de aproximadamente 200 GeV pelo grupo de Berkeley.

No entanto, nem todos estavam contentes com essa recomendação. Físicos do Meio-Oeste reclamavam que o investimento federal em física de altas energias não era distribuído de modo equânime entre as diferentes regiões do país. De fato, havia a polarização entre as costas Oeste (Califórnia, onde estava Berkeley) e Leste (Nova York, onde estava Brookhaven). O Meio-Oeste, apesar de contar com vários físicos renomados e ótimas universidades, estava fora do circuito dos grandes aceleradores. Não demorou muito para que as universidades e os políticos da região se juntassem ao coro de reclamações; afinal, a instalação de um grande laboratório sempre traz grandes benefícios ao local, como a atração de pessoas altamente qualificadas e de indústrias, criando um polo de desenvolvimento.

Outra fonte de descontentamento estava na maneira como Berkeley e Brookhaven eram administrados. Havia um favorecimento de projetos de físicos dos próprios laboratórios em detrimento dos demais físicos norte-americanos. Em 1963, Leon Lederman, dono de um senso de humor mundialmente conhecido, escreveu um influente manifesto descrevendo o que chamou de Truly National Laboratory (TNL), ou Verdadeiro Laboratório Nacional, onde as propostas de projetos experimentais seriam julgadas apenas pelo mérito científico, independentemente da origem de seus proponentes. Isso daria oportunidades para jovens e talentosos pesquisadores de todas as partes dos Estados Unidos terem acesso ao laboratório. Para Lederman, o TNL deveria oferecer uma boa infraestrutura para acomodar usuários externos, oficinas para ajudar a construir os experimentos, uma sede agradável e de fácil acesso, com comitês compostos de representantes nacionais para garantir que o processo de alocação de experimentos fosse justo.

Em suas palavras, um lugar onde os usuários externos se sentissem "em casa e amados". Lederman teria a oportunidade de transformar seu sonho utópico em realidade quinze anos mais tarde.

Após a recomendação do painel, o grupo de Berkeley preparou um projeto para o acelerador de 200 GeV com um custo estimado de 348 milhões de dólares. Esse projeto foi apresentado em uma conferência internacional na Itália, em setembro de 1965, na qual Wilson participou como convidado antes de ir para Paris fazer o curso de desenho.

Bob Wilson, como era chamado pelos colegas, especializara-se em aceleradores de partículas. Fez seu doutorado com Lawrence, em Berkeley, e fazia parte do mitológico grupo que desenvolveu o cíclotron. Como vários outros físicos de sua geração, trabalhou no esforço de guerra norte-americano, sendo nomeado líder do grupo de cíclotrons e mais tarde, com apenas 32 anos, chefe da Divisão de Pesquisas Físicas do laboratório Los Alamos, responsável por medidas em física nuclear. Após o final da guerra, defendeu o controle civil de armas nucleares, participando da fundação da Federação dos Cientistas Atômicos e tornando-se seu presidente em 1946.[2] Foi nessa época que Wilson escreveu um artigo pioneiro sobre o uso de aceleradores de partículas para tratamento de tumores, já mencionado.

Em 1947, Wilson foi contratado pela Universidade Cornell e tornou-se diretor do Laboratório de Estudos Nucleares dessa universidade. Lá, ele e seus colegas projetaram e construíram quatro síncrotons em um período de quase vinte anos. Devido ao trabalho de Wilson e seus seguidores, que tinham como princípio construir aceleradores capazes de realizar experimentos importantes a um custo modesto, Cornell foi a única universidade dos Estados Unidos a manter um importante centro de física experimental de altas energias, em uma época de dominância dos grandes laboratórios nacionais. O último acelerador dessa nobre linhagem em Cornell encerrou suas atividades em 2008.

Wilson ficou escandalizado com o projeto desenvolvido em Berkeley para o novo síncroton de prótons de 200 GeV. Considerou-o conservador demais, pouco criativo, superdimensionado, feio e, acima de tudo, caro. Ele era uma pessoa de grande senso estético, um competente escultor e amante das artes. Um verdadeiro homem renascentista. Costumava comparar aceleradores com as grandes catedrais góticas, onde a forma e a função trabalhavam juntas para elevar o espírito e o conhecimento das pessoas. Baseado em sua estética, defendia a frugalidade na construção de experimentos. Dizia que algo que funcionasse imediatamente depois de construído provavelmente fora fruto de um projeto desnecessariamente caro e que levou tempo demais para ser concluído. Algo construído "frugalmente" pode não funcionar logo, mas pode ser consertado ou modificado rapidamente. Fazia parte de seu estilo aceitar riscos para economizar tempo e dinheiro na construção de aceleradores. Ele julgava isso necessário. No entanto, estava preparado para redimir os erros que essa estratégia poderia trazer.

O projeto de Berkeley ia contra todos os seus princípios. Em Paris, Wilson desenvolveu projetos alternativos para síncrotons, com a mesma energia mas com um custo de apenas 100 milhões de dólares e que poderiam ser construídos em três anos, em vez dos sete previstos pelo grupo de Berkeley. Suas ideias e críticas circularam pela comunidade, obviamente enfurecendo o grupo da Costa Oeste americana. Porém, essas ideias soaram bem aos ouvidos do governo norte-americano, sobrecarregado pelos custos da guerra no Vietnã e em vias de implantar medidas de austeridade fiscal.

Outro aspecto em andamento era a escolha do lugar para o novo laboratório. Um comitê foi nomeado para analisar as 126 propostas recebidas de diversos estados americanos. Em dezembro de 1966, depois de inimagináveis pressões políticas, o comitê finalmente escolheu o lugar: o laboratório seria construído em Batávia, pequena cidade próxima a Chicago, estado de Illinois, no Meio-Oeste. Mais um golpe para Berkeley, que defendia a construção na Califórnia. O golpe de misericórdia veio com a indicação, em 1967, do próprio Bob Wilson para dirigir o novo laboratório. Dois físicos convidados antes dele recusaram a oferta. Wilson, que acabara de construir um síncroton em Cornell dentro do orçamento previsto e antes do prazo estipulado, resolveu encarar o desafio de fazer o maior acelerador de partículas do mundo a partir do zero em um grande campo de plantação de milho do Meio-Oeste americano.

Em 1972, o acelerador conhecido como Main Ring [anel principal], com um raio de 1 km, estava pronto no novo laboratório, renomeado, em 1974, Fermi National Accelerator Laboratory, ou simplesmente Fermilab, em homenagem ao físico Enrico Fermi. Acelerando prótons a energias de 500 GeV a partir de 1976, mais que o dobro do originalmente planejado, o equipamento foi construído com um orçamento bem menor do que o solicitado pelo projeto de Berkeley e entregue antes do prazo. Isso apesar de um enorme problema com os defeitos apresentados por 350 dos 1014 ímãs um ano antes do início das operações.

Wilson era um visionário. Respeitando o ambiente, manteve algumas construções originais no terreno de 6,8 mil acres (até um celeiro, usado para festas e danças), restaurou a vegetação de pradaria original e levou para lá búfalos que antes viviam na região. Algumas de suas elegantes esculturas adornam o local. Como edifício principal, Wilson conseguiu realizar uma obra impressionante. Um arranha-céu de dezessete andares, erguendo-se a uma altura de oitenta metros na planície de Illinois, assemelha-se a uma catedral da ciência do século XX. Com um enorme vão central que vai praticamente do átrio, no térreo, até o teto, escritórios envidra-

Vista aérea do Fermilab com os dois anéis, o Main Injector e o Tevatron (acima), e o Wilson Hall.

çados e às vezes sem porta, o Robert Rathbun Wilson Hall, ou simplesmente High-Rise, despertou-me uma grande admiração quando visitei o Fermilab pela primeira vez, em 1985. Estava então iniciando meu doutorado na Universidade de Chicago, que mantém fortes vínculos com o Fermilab.

Wilson e colaboradores construíram o Fermilab em uma época conturbada da história americana. Os louros colhidos pelos físicos durante a Segunda Guerra ainda geravam simpatia e apoio dos militares para o investimento na área de física de altas energias, mas alguns políticos (e físicos de outras áreas) já questionavam o retorno desse dinheiro. Em 1969, durante uma audiência em uma comissão do Senado americano, um senador perguntou se existiria alguma relação ou contribuição do acelerador para a segurança do país. Wilson respondeu que não. Em suas palavras:

> Está relacionado com a maneira como nos consideramos, com a dignidade do homem, nosso amor pela cultura. Está relacionado com a questão de sermos bons pintores, bons escultores, grandes poetas. Não tem nada a ver com defender nosso país diretamente, a não ser torná-lo digno de ser defendido.

O Fermilab tornou-se o grande competidor do CERN, desbancando os laboratórios de Berkeley e Brookhaven. Quando o Super Próton Síncroton entrou em funcionamento, em 1976, no CERN, sua energia de 300 GeV era inferior à do acelerador de Batávia.

Em meados da década de 1970 houve uma reestruturação das agências governamentais nos Estados Unidos, com a criação do Departamento de Energia (DOE), que ficaria responsável, entre outras atribuições, pelo programa de física de altas energias. O estilo de Wilson e seus contatos da época da guerra já não eram eficientes para angariar fundos. Frustrado com as novas dificuldades, ele resolveu renunciar, em protesto. Estava na hora de o Fermilab ter uma nova liderança. Em 1979, Leon Lederman foi nomeado o segundo diretor do laboratório. Era o candidato natural, como um dos mais proeminentes físicos experimentais da época e um dos maiores usuários do laboratório. Além disso, possuía uma personalidade cativante e inspiradora, que transbordava de sua paixão pela física. Costumava dizer que a vida de um físico é cheia de "ansiedade, dor, trabalho árduo, tensão, ataques de depressão, perda de esperança e de motivação". Mas tudo isso era compensado pelo enorme e raro prazer de fazer descobertas, pela "compreensão repentina de alguma coisa nova e importante, alguma coisa maravilhosa". Certamente Lederman teve esses momentos de epifania. Por exemplo, em 1962 ele participou de um experimento que descobriu um novo tipo de neutrino no acelerador da Universidade Columbia, onde era professor. Dividiu o prêmio Nobel de 1988 com seus colaboradores da Columbia. Mais tarde, já no Fermilab, liderou o grupo que descobriu, em 1977, um novo tipo de quark, o quark "bottom", ou simplesmente quark "b". Falaremos sobre neutrinos e quarks mais adiante.

Lederman trouxe enormes contribuições nos vinte anos que passou na direção do Fermilab. Formou um grupo de cosmologia e astrofísica, hoje um dos melhores do mundo. Em 1982 abriu o laboratório para países da América Latina, com grande impacto para a física experimental de altas energias no Brasil, que se revitalizou com essa iniciativa. Não seria exagero dizer que grande parte desse ramo da física no país hoje é fruto do incentivo inicial de Lederman.

Porém, sua maior realização foi concluir a construção de um grande e revolucionário acelerador de partículas, o Tevatron, o primeiro colisor de prótons com antiprótons que quebrou a barreira de energia de 1000 GeV ou 1 TeV. O projeto, idealizado por Bob Wilson,[3] usava ímãs mais potentes no mesmo túnel de 1 km de raio construído para o primeiro acelerador do Fermilab. Foi o primeiro acelerador a usar ímãs supercondutores. Supercondutividade é um fenômeno no qual a resistência elétrica de um material especial praticamente desaparece em baixas temperaturas. Com fios desse material podem-se construir eletroímãs que, quando resfriados apropriadamente, não têm perdas causadas pela resistência elétrica. Assim, há grande economia de energia elétrica. O sistema para resfriar eletroímãs é altamente sofisticado, usando enorme quantidade de hélio líquido, que tem uma temperatura de quase -270ºC, próximo da temperatura conhecida como "zero absoluto" na escala Kelvin. A tecnologia desenvolvida pelo Fermilab para o Tevatron foi depois aplicada em aparelhos hospitalares de ressonância magnética, que necessitam de fortes campos magnéticos. O LHC também emprega essa tecnologia. De fato, o Fermilab construiu alguns dos ímãs usados no LHC.

O Tevatron entrou em funcionamento regular em 1987 e foi o acelerador de maior energia no mundo por quase 25 anos, atingindo uma energia de quase 2 TeV, até o LHC tomar seu lugar. Depois de uma longa e frutífera jornada, a competição entre o Fermilab e o CERN encerrou-se em 30 de setembro de 2011, quando o Tevatron foi oficialmente desligado. Os Estados Unidos abandonaram a competição pela fronteira das altas energias. Grande parte de seus físicos experimentais juntou-se aos experimentos do LHC. Hoje, o contingente de físicos estadunidenses é o maior entre todos os países que participam do LHC.

O eixo da física de altas energias voltou-se definitivamente para a Europa. Mas estamos avançando demais na história. Voltaremos em breve aos desenvolvimentos no CERN que culminaram com a construção do LHC. Antes disso, é necessário descrever em rápidas pinceladas nosso conhecimento sobre os constituintes mais básicos da matéria, as partículas elementares. Afinal, a busca desse conhecimento é a razão mais importante para a construção dos aceleradores de partículas.

10. O cerne da matéria

Grandes aceleradores de partículas são construídos para que os cientistas estudem o funcionamento da natureza em seu aspecto mais fundamental: os constituintes mais básicos do universo, que chamamos de "partículas elementares". Queremos saber quais são eles e como interagem entre si. Apenas a experimentação permite descobrir se a natureza pode ou não ser descrita por modelos e teorias inventados pelos físicos teóricos. Portanto, é essencial desenvolver instrumentos que possam explorar cada vez mais minuciosamente o cerne da matéria.

A resposta que obtemos sobre qual é o cerne da matéria depende do nível de sensibilidade dos experimentos, ou seja, da tecnologia disponível. Antigamente, por exemplo, pensávamos que o átomo fosse indivisível, ou seja, que era uma partícula elementar. As experiências realizadas por J. J. Thomson em 1897 revelaram a existência do elétron; as de seu pupilo, Rutherford, em 1911, mostraram que as cargas positivas estão concentradas em um pequeno núcleo atômico. Portanto, o átomo não era de fato uma partícula elementar. Pouco mais de cem anos após a descoberta do núcleo atômico, nosso conhecimento aumentou de maneira extraordinária. Os diversos experimentos que originaram esse conhecimento estão espalhados pelo livro. Neste capítulo farei uma sucinta descrição do que sabemos atualmente.[1]

Podemos dividir as partículas elementares em dois grandes grupos: as que são chamadas genericamente de matéria, que podem ainda ser classificadas em dois tipos (léptons e quarks), e as que estão associadas com as interações ou forças fundamentais da natureza.

AS FORÇAS DA NATUREZA E SUAS PARTÍCULAS

Até 2012, sabíamos da existência de quatro interações ou forças fundamentais na natureza. Duas delas são bastante conhecidas no nosso cotidiano: a força gravitacional, responsável pela atração mútua de corpos e que nos prende à Terra, e a força eletromagnética, que rege a interação de corpos que possuem carga elétrica e campos magnéticos. As forças ou interações são transmitidas por partículas. Por exemplo, o fóton (denotado pela letra grega γ) é a partícula responsável pela transmissão da força eletromagnética. De fato, ondas eletromagnéticas, como a luz ou as micro-ondas, são compostas de fótons. O conceito de fóton começou a ser aceito após um dos trabalhos seminais de Einstein, realizado no chamado "ano milagroso" de 1905, e passou a ser usado para descrever um efeito experimental denominado "efeito fotoelétrico". Aliás, foi por esse trabalho que Einstein recebeu o prêmio Nobel em 1921 (e não pelo desenvolvimento da teoria da relatividade, considerada controversa na época).

Acredita-se que a força gravitacional esteja associada a partículas denominadas grávitons, análogos aos fótons. As ondas gravitacionais, análogas às ondas de luz, são previstas na teoria da gravitação de Einstein, mas ainda não foram detectadas experimentalmente. Existem vários experimentos ao redor do mundo dedicados à detecção de ondas gravitacionais, deformações do espaço que podem ser produzidas em grandes cataclismos cósmicos, como a explosão de estrelas chamadas de "supernovas". O detector mais promissor chama-se LIGO (Laser Interferometer Gravitational-Wave Observatory) e encontra-se nos Estados Unidos. No Brasil, o detector Schenberg de ondas gravitacionais foi desenvolvido por físicos do INPE e da USP.

As duas outras interações são mais sutis e importantes apenas no domínio subatômico: a interação forte e a interação fraca. Adiantando um pouco o que descreverei a seguir, a interação forte é responsável por manter os quarks "colados", formando partículas compostas, como prótons e nêutrons. A partícula associada à interação forte é denominada glúon (denotada pela letra g), palavra derivada do inglês "glue", que significa cola.

A interação fraca é responsável por várias reações entre partículas elementares. Ela controla, por exemplo, alguns processos que ocorrem dentro do Sol e que acabam por gerar a energia necessária para a vida na Terra. As partículas associadas à interação fraca são chamadas de W e Z.

Na década de 1960 modelos teóricos começaram a ser desenvolvidos, em que as interações eletromagnéticas e as interações fracas podiam ser descritas por uma teoria apenas. Esses modelos unificavam essas duas interações na chamada "interação eletrofraca". O ápice desse avanço foi a construção do Modelo Padrão das Interações. No Modelo Padrão, a chamada partícula de Higgs, que descreveremos em detalhes mais adiante, tem papel fundamental.

Apenas a interação gravitacional ficou de fora do Modelo Padrão. Apesar do sucesso da teoria da gravitação de Einstein, existe uma incompatibilidade entre essa teoria e a física quântica, que controla os fenômenos em escalas microscópicas. A física quântica, que descreve as outras interações com perfeição, falha miseravelmente no caso da interação gravitacional, produzindo resultados inconsistentes, que não fazem sentido. A teoria mais promissora para descrever a interação gravitacional em nível quântico é a teoria das supercordas. Uma abordagem dessa teoria, que unificaria todas as quatro interações, está além dos propósitos deste livro. Eu apenas gostaria de mencionar que, apesar de grandes avanços nos últimos anos, ainda não existe uma previsão dessa teoria que possa ser testada experimentalmente.

AS PARTÍCULAS FUNDAMENTAIS DA MATÉRIA I — OS LÉPTONS

O elétron, até onde sabemos, é uma partícula fundamental, ou seja, sem estrutura interna, puntiforme. Como ele possui carga elétrica, pode interagir com outras partículas através da força eletromagnética. Associada ao elétron existe uma partícula chamada neutrino eletrônico (denotado por ν_e). Podemos metaforicamente dizer que o neutrino eletrônico é "primo" do elétron.

Neutrinos são partículas elementares sem carga elétrica, portanto neutras com relação ao eletromagnetismo. Propostas pelo físico austríaco Wolfgang Pauli em 1930 para explicar certos fenômenos na desintegração de alguns núcleos atômicos, elas foram detectadas apenas em 1956 e batizadas por Fermi (neutrino significa pequeno nêutron em italiano). Devido à sua neutralidade elétrica, o neutrino interage muito fracamente com outras partículas, através apenas da força fraca. O Sol é uma grande fonte de neutrinos devido às reações nucleares que ocorrem em seu interior. Em cada segundo, aproximadamente 100 bilhões de neutrinos provenientes do Sol atravessam cada pessoa na Terra! Ainda bem que eles raramente interagem, caso contrário provavelmente estaríamos em uma situação bastante desconfortável. Por outro lado, esse mesmo fato torna sua detecção extremamente difícil, requerendo uma enorme quantidade de matéria como alvo. No Japão, existe um experimento chamado Super-Kamiokande, que usa 50 mil toneladas de água para observar neutrinos provenientes do Sol e os que são produzidos pelos raios cósmicos que atingem a Terra. Próximo ao polo Sul, outro experimento em operação, denominado IceCube, usa 1 km^3 de gelo como alvo para detectar neutrinos provenientes do cosmo. O prêmio Nobel de física de 2002 foi dado a cientistas que desenvolveram experimentos para a observação dessas partículas.

Em 1937, uma nova partícula com características semelhantes às do elétron, mas cerca de duzentas vezes mais pesada, foi descoberta em raios cósmicos. Era como um irmão mais gordo do elétron. O múon (denotado por μ), como foi chamada, não era esperado em nenhum modelo teórico e foi uma surpresa, levando Rabi a exclamar: "Quem encomendou isso?". Mais tarde, Lederman e colaboradores mostraram que existe outro tipo de neutrino associado ao múon, o neutrino muônico (denotado por ν_μ).

A história se repetiu em 1975, com a descoberta de outro irmão ainda mais gordo do elétron, denominado tau (denotado por τ). O neutrino associado ao tau (denotado por ν_τ) foi produzido e detectado apenas em 2000, no Fermilab.

Os elétrons, múons, taus e seus respectivos neutrinos são denominados coletivamente de "léptons", partículas que interagem apenas pela força eletrofraca. Em particular, elas são neutras em relação à força forte. Os léptons aparecem na natureza com uma estrutura que lembra três gerações ou famílias. O elétron e seu neutrino seriam a primeira geração, com duas cópias mais pesadas representando a segunda (múon e seu neutrino) e a terceira (tau e seu neutrino) gerações. Veremos mais adiante que esse mesmo padrão se repete para os quarks. Não sabemos o porquê desse fato e hoje existem fortes vínculos experimentais que praticamente excluem a existência de uma possível quarta geração.

AS PARTÍCULAS FUNDAMENTAIS DA MATÉRIA II — OS QUARKS

O mundo das partículas elementares era muito confuso na década de 1960. Um grande número de partículas estava sendo descoberto nos novos aceleradores. O termo "zoológico subatômico" foi cunhado por Oppenheimer como uma ironia sobre a situação da época. Alguém precisava pôr ordem no caos subatômico.

O físico norte-americano Murray Gell-Mann foi o supremo organizador das partículas. Ele descobriu certos padrões comuns entre determinados grupos de partículas que lhe permitiram criar um esquema de classificação dessas partículas. Esses padrões comuns são baseados no conceito de simetria, que permeia as teorias modernas de física de partículas elementares.

Simetria é uma mudança que deixa tudo igual ao que era antes. Ela representa uma invariância da natureza com relação a certas transformações. Por exemplo, considere um quadrado perfeito. Não perceberemos diferença nesse quadrado se fizermos rotações de noventa graus com relação a seu centro. Dizemos que esse quadrado possui uma simetria exata por rotações de noventa graus. No entanto, imagine que um dos lados desse quadrado tenha um "defeito" que o torne diferente dos outros três lados. Nesse caso, podemos distinguir as rotações de noventa graus. Dizemos então que a simetria por rotações de noventa graus é quebrada pelo defeito. No entanto, caso o defeito seja pequeno, as diferentes imagens do mesmo quadrado rotacionado de noventa graus ainda serão bem parecidas. Se olharmos para as quatro diferentes rotações de uma distância grande, praticamente não veremos o defeito e parecerá que a simetria ainda existe. Nessa situação, dizemos que a simetria é aproximada.

Vamos agora dar um exemplo de simetria no mundo das partículas. O próton e o nêutron são partículas de certa maneira muito parecidas. Suas massas são praticamente iguais (a diferença é de apenas uma parte em mil), mas suas cargas elétricas são diferentes: o próton é positivamente carregado enquanto o nêutron, como o nome indica, não é carregado. Ambas possuem as mesmas propriedades com relação às forças fortes. Portanto, no que diz respeito às forças fortes, prótons e nêutrons são idênticos! A força eletromagnética consegue distinguir prótons de nêutrons, pois os primeiros têm carga elétrica e os segundos não. Porém, a força eletromagnética é muito menor que a força forte. Assim, podemos pensar na força eletromagnética como o pequeno defeito no quadrado do exemplo acima. Prótons e nêutrons são aproximadamente idênticos. A simetria que existe entre eles é uma simetria aproximada. Certamente prótons e nêutrons devem pertencer ao mesmo grupo de partículas.

O esquema de Gell-Mann aplica-se na organização de partículas compostas denominadas "hádrons", que estão sujeitas às interações fortes, como prótons, píons, káons, lâmbdas, só para citar alguns hádrons descobertos ao longo dos anos. Os hádrons, por sua vez, são divididos em duas classes: os mais leves, mésons, e os mais pesados, bárions. Píons e káons são mésons; prótons, nêutrons e lâmbdas são exemplos de bárions. Nos anos 1960 acreditava-se que todos esses hádrons eram partículas elementares. Novamente foi necessária uma série de experimentos para entender que isso não era verdade.

Gell-Mann descobriu que os hádrons, em princípio, podiam ser classificados em grupos com três, oito ou dez elementos. Esses grupos são conhecidos matematicamente como tripletos, octetos e decupletos, respectivamente. Os bárions e os mésons conhecidos até meados de 1961 encaixavam-se perfeitamente no grupo de oito elementos. De fato, faltava um méson, denominado "eta", que foi descoberto logo em seguida.

A simetria entre as partículas de um dado grupo não é tão simples quanto a simetria de rotação de noventa graus no nosso exemplo do quadrado ou aquela de troca entre prótons e nêutrons. Trata-se de uma simetria conhecida pelos matemáticos como SU(3), uma rotação generalizada cuja discussão seria demasiadamente técnica, fugindo dos propósitos deste livro.

Do lado de lá do Atlântico, outro físico chegava às mesmas conclusões de Gell-Mann, de maneira totalmente independente. Yuval Ne'eman, coronel do Exército israelense e engenheiro de formação, após lutar uma década pelo Estado de Israel e ocupar importantes cargos militares, decidiu voltar a estudar sua grande paixão, a física teórica. Em 1957 pediu dois anos de licença a seu chefe, o general Moshe Dayan, para estudar em Londres. Dayan pediu-lhe apenas que fosse adido militar na embaixada israelense em Londres. Em 1960, enquanto negociava a compra de submarinos e tanques para o Exército israelense, Ne'eman, que trabalhava no Imperial College, chegou à conclusão de que hádrons podem ser organizados em octetos de SU(3). Bem mais tarde, em 1982, ele foi ministro da Ciência de Israel.

Posteriormente, em 1962, novos bárions foram descobertos — e pertenciam ao grupo de dez elementos. Nesse grupo, todos os bárions logo foram detectados, com exceção de um. Previsto pelo modelo de Gell-Mann, que lhe deu o nome "ômega", esse novo bárion seria um grande sucesso para o modelo. A descoberta dessa partícula no acelerador AGS de Brookhaven, em 1964, na análise da fotografia número 97 025, feita em uma câmara de bolhas — instrumento que sucedeu a câmara de nuvens —, confirmaria o esquema de classificação desenvolvido por Gell-Mann e Ne'eman.

Uma pergunta ainda pairava no ar: qual seria o papel do grupo de três elementos, os tripletos? Ne'eman já havia percebido que os bárions poderiam ser "construídos" com partículas pertencentes ao tripleto, mas elas deveriam necessariamente possuir carga elétrica fracionária, algo nunca observado na natureza. Gell-Mann introduziu o nome "quarks" para essas partículas hipotéticas. Os bárions seriam compostos de três quarks e os mésons seriam formados de um par quark-antiquark. Seriam os quarks reais ou meramente entidades matemáticas úteis para a construção dos hádrons? Essa pergunta perseguiu Gell-Mann por muitos anos, e ele nunca deu uma resposta direta, preferindo deixar a porta aberta para interpretações. Em seu trabalho de duas páginas publicado em 1964, ele termina dizendo que a busca por quarks em aceleradores de partículas "nos ajudaria a reafirmar a inexistência de quarks reais". Experimentos não conseguiram encontrar partículas com cargas fracionárias. Gell-Mann chegou a cogitar que os quarks estariam, de algum modo, confinados dentro de hádrons. A resposta final, que como sempre é dada pelos experimentos, veio apenas no início da década de 1970. Quarks e glúons existem dentro dos hádrons.

Gell-Mann ganhou sozinho o prêmio Nobel em 1969, por suas "contribuições para a classificação das partículas elementares e suas interações". Quarks não foram citados na nomeação.

Os quarks, postulados por Gell-Mann, eram originalmente de dois tipos: os do tipo u (do inglês *up*) e os do tipo d (do inglês *down*). São esses quarks que compõem, por exemplo, prótons e nêutrons. O próton é formado por três quarks (uud) e o nêutron pelos quarks (udd). Novos dados experimentais mostraram a existência de outros tipos de quarks, os quarks s (do inglês *strange*), os quarks c (do inglês *charm*), os quarks b (do inglês *bottom*) e os quarks t (do inglês *top*). Este último foi detectado em 1995, no Fermilab, e pesa tanto quanto 175 prótons. É sem dúvida uma massa enorme para uma partícula elementar, comparável à do átomo de ouro. Na verdade, ainda não temos dados suficientes para estudar o quark t com grande precisão. Porém, isso está mudando rapidamente com o LHC, que é uma verdadeira fábrica de quarks t. Até o momento a taxa de produção dos quarks t medida no LHC concorda com as previsões teóricas.

Os quarks possuem carga elétrica fracionária e cada tipo de quark pode ter três "cargas de cor", ou simplesmente três cores diferentes, as cargas da interação forte. O modelo que descreve as interações fortes chama-se "cromodinâmica quântica", pois descreve a dinâmica das cores, que nesse caso é apenas um nome e não tem nenhuma ligação com o sentido usual da palavra cor. Além disso, podemos notar novamente um padrão de famílias ou gerações, com os quarks up e down na primeira família, charm e strange na segunda e top e bottom na terceira. Assim, existe um paralelo entre léptons e quarks. Até o momento não há nenhuma explicação satisfatória para esse fato.

Existem, porém, teorias que contemplam a possibilidade de as três interações (forte, fraca e eletromagnética) serem descritas de maneira unificada. Essas teorias, denominadas "teorias de grande unificação", foram propostas nos anos 1980 e explicariam o paralelo entre léptons e quarks. Uma de suas previsões é que o próton não seria absolutamente estável, mas poderia, em ocasiões muito raras, desintegrar-se de modo espontâneo. Grandes experimentos foram realizados para tentar detectar esses raros fenômenos, mas o próton ainda não foi flagrado em um processo de desintegração. Portanto, essas teorias continuam sem uma verificação experimental. O modelo mais simples dessa classe já foi descartado.

CLASSIFICAÇÃO DAS PARTÍCULAS ELEMENTARES: FÉRMIONS E BÓSONS

Existe uma propriedade intrínseca das partículas elementares, denominada "spin", que faz parte da "carteira de identidade" de uma partícula, junto com sua carga elétrica e sua massa. As partículas elementares podem ter spin com valores inteiros ou semi-inteiros. Elas são classificadas em dois grandes grupos, dependendo do valor de seu spin. Partículas com spin semi-inteiro (½, 3/2...) são chamadas "férmions", nome dado em homenagem a Fermi. Partículas com spin inteiro (0, 1, 2, ...) são denominadas "bósons", em homenagem ao físico indiano Satyendra Nath Bose.

Os léptons e os quarks possuem spin ½ e portanto pertencem à categoria dos férmions. Até o momento, apenas férmions elementares, com spin ½, são conhecidos na natureza. As partículas associadas às interações pertencem à categoria dos bósons. Fótons, glúons, W's e Z's possuem spin 1. O gráviton deve possuir spin 2.

Porém, caso o Modelo Padrão seja correto, deve existir uma quinta força na natureza cujo agente é o bóson de Higgs, uma partícula com spin zero, também chamado de "bóson escalar". Essa nova força é o agente que gera as massas para as partículas elementares. Por exemplo, o elétron é mais pesado que o múon porque teria maior interação com o bóson de Higgs.

Em julho de 2012 o bóson de Higgs foi detectado pelo LHC, mas a confirmação de que se tratava mesmo dessa partícula veio apenas em março de 2013, depois de uma extensa análise de dados. Isso significa a descoberta de uma partícula elementar que possui spin zero, a única na natureza até o momento. Após a descoberta do bóson de Higgs, as partículas elementares conhecidas e suas interações podem ser resumidas na seguinte tabela:

	FÉRMIONS (MATÉRIA)		
	1ª GERAÇÃO	2ª GERAÇÃO	3ª GERAÇÃO
Quarks	Up (u)	Charm (c)	Top (t)
	Down (d)	Strange (s)	Bottom (b)
Léptons	Neutrino do elétron (ν_e)	Neutrino do múon (ν_μ)	Neutrino do tau (ν_τ)
	Elétron (e)	Elétron (μ)	Elétron (τ)

BÓSONS (RESPONSÁVEIS PELAS FORÇAS)	
Fóton (γ)	Força eletromagnética
W e Z	Força fraca
Glúons (g)	Força forte
Gráviton (G)	Força gravitacional
Higgs (H)	Força de Yukawa e de autointeração

11. O bóson de Higgs: partícula Deus ou partícula maldita?

Uma palestra estava agendada para o dia 24 de novembro de 2010 no King's College de Londres, mas o palestrante não pôde comparecer por motivos de saúde. No entanto, ele gravou sua apresentação em Edimburgo, capital da Escócia, onde reside. No vídeo víamos um senhor de 81 anos discorrer sobre o estranho título: "Minha vida como um bóson".[1] Peter Higgs, professor emérito da Universidade de Edimburgo, faz jus ao tema de sua palestra.

Como já escrevemos, muitas teorias físicas são baseadas em noções de simetria, que podem ser incorporadas matematicamente nos modelos desenvolvidos pelos físicos teóricos. Entretanto, algumas dessas simetrias são apenas aproximações, ou seja, a natureza "respeita" essas simetrias apenas grosso modo. Havia então a necessidade de construir teorias nas quais simetrias deixassem de ser exatas, ou, como dizemos no jargão, elas deveriam ser quebradas ou violadas. Esse era um tema de pesquisa importante na década de 1960, com vários físicos de renome trabalhando na área. Como às vezes acontece na véspera de uma grande descoberta, havia um estado de confusão teórica sobre como introduzir um mecanismo de quebra de simetria que pudesse ser realizado na natureza sem contradição com as observações experimentais. O problema mais sério era que os modelos propostos para gerar a quebra de simetria previam também uma nova partícula, um bóson sem massa, denominado "bóson de Nambu-Goldstone". Ele foi previsto em teorias propostas em 1960 pelos físicos Yoichiro Nambu e Jeffrey Goldstone. Por não se enquadrar entre as partículas conhecidas na época, sua presença era um obstáculo ao sucesso da teoria.

Em 1964, Higgs escreveu dois pequenos artigos, de menos de duas páginas cada, mostrando uma solução para o problema. No primeiro, elaborado em julho, mostrou como contornar a questão.[2] Em suas palavras, conseguiu "exorcizar", da teoria, o bóson sem massa de Nambu-Goldstone. O segundo artigo provia um exemplo simples e concreto de uma teoria em que a quebra de simetria ocorre de maneira satisfatória.[3] Houve dois outros trabalhos desenvolvidos independentemente no mesmo período, com ideias semelhantes,[4] mas apenas o segundo artigo de Higgs menciona explicitamente que essas teorias preveem a existência de novos bósons com massa, diferentes do bóson de Nambu-Goldstone. O exemplo utilizado por Higgs era o mais simples possível e posteriormente foi generalizado de várias maneiras por diversos pesquisadores. Entretanto, o mecanismo de quebra de simetria descrito por Higgs e outros em 1964 ficou conhecido, talvez injustamente, como mecanismo de Higgs, e o bóson com massa resultante desse mecanismo acabou sendo chamado de "bóson de Higgs".

O MECANISMO DE HIGGS

O mecanismo de Higgs foi desenvolvido para estudar sistemas nos quais ocorre uma quebra de simetria. O conceito de simetria já foi discutido, mas precisamos detalhar como sua quebra pode acontecer.

Imagine o fundo de uma garrafa de vinho ou um chapéu tipo sombreiro mexicano, onde há uma elevação central (um montinho no centro) cercada por uma região mais baixa, como uma montanha cercada por um vale circular. Em ambos os casos, existe uma simetria esférica, ou seja, ao girarmos tanto o fundo da garrafa quanto o chapéu não percebemos nenhuma diferença (isso na situação idealizada de não haver defeitos na garrafa e no chapéu). Agora vamos colocar uma pequena bolinha no topo da elevação central. O sistema continuará com simetria esférica se a bolinha permanecer no topo. No entanto, essa situação é instável: qualquer pequena perturbação fará com que a bolinha caia do topo para a região mais baixa, no "vale" abaixo da montanha. Quando isso acontece, a simetria esférica deixa de existir, pois podemos distinguir a posição da bolinha no vale quando giramos o sistema. Dizemos que a simetria foi quebrada.

Existem dois tipos de movimentos da bolinha no fundo do vale, que correspondem a dois tipos diferentes de partículas elementares. Ela pode ser facilmente deslocada ao longo do vale, que é plano. Essa facilidade ou ausência de resistência representa a existência do bóson de Nambu-Goldstone. Agora, para mover a bolinha na direção tangencial ao vale, ou seja, na direção da montanha, uma energia deve ser gasta para fazer com que ela suba novamente a encosta. Essa energia pode ser interpretada como uma massa. Portanto, esse movimento descreve outra partícula, dessa vez com massa — o bóson de Higgs.

A maneira de eliminar o bóson de Nambu-Goldstone encontrada por Higgs foi introduzir no modelo um ingrediente adicional. Esse ingrediente é algo bastante familiar: o fóton. Como já vimos, o fóton é uma partícula sem massa, responsável pela força eletromagnética. Essa força tem, em princípio, alcance infinito, mas sempre diminuindo de intensidade com o aumento da distância entre duas cargas. E isso está relacionado ao fato de o fóton ter massa nula. Caso ele tivesse massa, a intensidade da força diminuiria muito mais rapidamente, de maneira exponencial. Higgs mostrou que, ao introduzir o fóton em sua teoria, este "engoliria" o bóson de Nambu-Goldstone e com isso ganharia massa não nula. Sabemos que os fótons não têm massa, mas Higgs estava apenas exemplificando um mecanismo em que o bóson de Nambu-Goldstone poderia desaparecer da teoria, devorado por um fóton.

O mecanismo de Higgs foi incorporado ao Modelo Padrão, desenvolvido independentemente pelo físico norte-americano Steven Weinberg e pelo físico paquistanês Abdus Salam em 1967, baseados em ideias anteriores do físico estadunidense Sheldon Glashow. No Modelo Padrão, existe uma simetria entre fótons e as partículas responsáveis pela força fraca, que possui alcance muito pequeno, os bósons W e Z. Esses bósons ganham massa exatamente através do mecanismo de Higgs, ou seja, engolindo os bósons de Nambu-Goldstone resultantes de uma quebra de simetria. O fóton, sendo uma partícula sem massa, não participa da comilança.

Glashow, Weinberg e Salam dividiram o prêmio Nobel de 1979. No Modelo Padrão, o mecanismo de Higgs é essencial para gerar massas para todas as partículas elementares, incluindo os férmions, como os elétrons.

Antes de encerrar o tema, devo evitar injustiças mencionando que os bósons de Nambu-Goldstone nem sempre são um problema. Em algumas teorias eles são muito úteis. Caso a simetria a ser quebrada não seja exata inicialmente, os bósons de Nambu-Goldstone podem possuir uma pequena massa. Nesse caso, são chamados de pseudobósons de Nambu-Goldstone. Eles descrevem de maneira satisfatória, por exemplo, os píons, partículas compostas de um par quark-antiquark, como vimos. Existem também modelos recentes nos quais o bóson de Higgs não seria uma partícula elementar, e sim composta de algo que ainda não conhecemos. Nesses modelos, o bóson de Higgs é descrito como um pseudobóson de Nambu-Goldstone.[5] Seria uma grande ironia se esses modelos fossem corretos, pois o grande objetivo de Higgs era eliminar essas partículas da teoria.

A ORIGEM DA MASSA DAS PARTÍCULAS ELEMENTARES

A origem da massa das partículas pode ser mais bem explicada através de uma simples analogia, mas desde já alerto o leitor de que analogias são sempre limitadas e imperfeitas, e esta não é exceção.

Imagine que sejamos seres aquáticos confinados em um mundo totalmente submerso em água. Certamente teríamos dificuldade em mover objetos, devido à presença da água. Lembre que a massa de um corpo está relacionada com sua inércia, ou seja, com a dificuldade de colocá-lo em movimento. Portanto, a "massa" que medimos de corpos é maior do que sua massa real, caso não houvesse água. Se nosso mundo imaginário fosse totalmente submerso em mel, a "massa" medida seria ainda maior, pois o mel é muito mais viscoso.

O Modelo Padrão pressupõe que estejamos imersos em um meio absolutamente homogêneo, denominado "campo de Higgs". As partículas elementares ganham massa ao se mover nesse meio. Suas massas seriam decorrentes das interações com o campo de Higgs. Nesse modelo, partículas que interagem de maneira distinta nesse campo possuem diferentes massas. Quanto mais intensa sua interação com o campo de Higgs, maior é a "viscosidade" do meio e, portanto, maior é sua massa.

Teorias, porém, precisam ser testadas experimentalmente. Na analogia com o mundo subaquático, um modo de comprovar a existência da água seria fazer uma onda, por exemplo, atirando uma pedra na superfície. Isso exigiria certo esforço, muito maior se o ambiente fosse de mel. No caso do campo de Higgs, temos de fazer algo parecido, ou seja, dar uma "balançada" no campo para gerar uma onda. No jargão, dizemos "perturbar o campo de Higgs". Essa onda no campo de Higgs é representada por uma nova partícula, o bóson de Higgs. Contudo, não é nada fácil balançar esse campo. É necessária uma imensa concentração de energia em uma região minúscula, quase um ponto. Esse feito pode ser realizado com a ajuda dos aceleradores de partículas. As colisões de partículas — prótons, no caso do LHC — podem balançar o campo de Higgs e produzir o bóson de Higgs.

Esse bóson de Higgs era a única peça que faltava para comprovar o Modelo Padrão. Sua procura era a prioridade máxima dos mais recentes experimentos em aceleradores de partículas. A importância de descobri-lo foi exposta de maneira brilhante no livro de divulgação escrito por Lederman em 1993, intitulado *The God Particle: If the Universe is the Answer What is the Question?* [A partícula-Deus: se o universo é a resposta, qual é a pergunta?].[6] Argumentando que o bóson de Higgs é tão crucial para o entendimento do cerne da matéria e, ao mesmo tempo, tão difícil de ser detectado, Lederman decide apelidá-lo de partícula-Deus (e não "partícula de Deus", como comumente se diz). Infelizmente essa brincadeira de Lederman levou às mais descabidas afirmações teológicas sobre o bóson de Higgs. No próprio livro ele escreve que preferia o apelido "*the goddamn particle*", o que se traduz como "partícula maldita", mas o editor vetou esse título. Em minha opinião, o livro de Lederman foi uma tentativa desesperada de chamar a atenção do público dos Estados Unidos para a importância dessa busca, pois um projeto de construção de um enorme acelerador no Texas estava sendo questionado pelo Congresso. Infelizmente, o livro chegou tarde demais: como descreverei mais adiante, o projeto do Superconducting SuperCollider foi cancelado logo após seu lançamento.

O Modelo Padrão não prevê qual é a massa do bóson de Higgs, tornando sua busca ainda mais difícil. De fato, essa massa é o único parâmetro livre ainda indeterminado do modelo. Uma vez medida, ela determina de maneira unívoca todas as propriedades do bóson de Higgs, como as várias maneiras pelas quais ele pode se desintegrar. Essas propriedades são essenciais para estabelecer uma estratégia de busca em experimentos.

A busca experimental pelo bóson de Higgs começou em 1975, pois levou algum tempo até que a comunidade científica assumisse com seriedade a possibilidade de que o Modelo Padrão descrevesse realmente a natureza. Isso aconteceu após a demonstração, no início dos anos 1970, de que cálculos precisos podem ser realizados em nível quântico com o uso do Modelo Padrão. Os físicos teóricos holandeses Martinus Veltman e Gerardus 't Hooft, que desenvolveram os métodos para a realização desses cálculos, receberam o prêmio Nobel de 1999 pela "elucidação da estrutura quântica das interações eletrofracas". A importância da busca do bóson de Higgs cresceu rapidamente e já em 1990, no livro intitulado *Higgs Hunter's Guide* [Guia de caça ao Higgs], lê-se: "O sucesso do Modelo Padrão tem sido espantoso. O problema central em física de partículas hoje é entender o campo de Higgs".[7]

O desenvolvimento de novos aceleradores, a confirmação experimental do Modelo Padrão e a busca do bóson de Higgs serão os temas abordados a seguir.

12. O primeiro colisor próton-antipróton

Carlo Rubbia queria muito estudar física na prestigiosa Scuola Normale de Pisa. Porém, sua educação havia sido prejudicada pelos terríveis eventos da Segunda Guerra Mundial e ele não conseguiu ser aprovado. Conformou-se em estudar engenharia na Universidade de Milão. Aconteceu então um desses pequenos eventos que acabam tendo importantes e imprevisíveis consequências no futuro: houve uma desistência em Pisa, o que possibilitou a Rubbia a realização de seu sonho. Ele se graduou lá em 1958.[1] Em 1984 recebeu o prêmio Nobel, junto com o engenheiro holandês Simon van der Meer, pela contribuição e liderança de um grande projeto no CERN que levou à descoberta de novas partículas elementares, os bósons W e Z, responsáveis por uma das forças fundamentais da natureza, a força fraca.

Vimos, no capítulo 8, que em 1976 entrou em funcionamento no CERN o Super Próton Síncroton, com a sigla SPS, acelerando feixes de prótons a energias de 400 GeV. Assim como o acelerador então em funcionamento no Fermilab, o SPS era configurado para realizar experimentos com colisões do feixe de prótons com alvos fixos.

Naquele mesmo ano, Rubbia e colaboradores propuseram uma ideia para dobrar a energia desses aceleradores sem aumentar seu tamanho: construir um acelerador de antiprótons circulando em sentido contrário ao dos prótons, fazendo-os colidir frontalmente em alguns locais. Como já vimos, essa ideia não é totalmente original, pois foi posta em prática no Intersecting Storage Ring (ISR) do CERN em 1971, com colisões de prótons contra prótons. Rubbia trabalhou em experimentos realizados no ISR. Colidir um feixe de prótons com um feixe de antiprótons é muito mais difícil.

Antiprótons, como o nome diz, são as antipartículas do próton. Têm a mesma massa do próton, mas carga elétrica oposta, ou seja, negativa. Foram produzidos em aceleradores pela primeira vez em 1955, no Bevatron, em Berkeley. Quando antiprótons e prótons colidem, dizemos que eles se "aniquilam", ou seja, desaparecem, dando origem a uma grande quantidade de energia. Essa energia pode ser então transformada em novas partículas. Foi esse o motivo que levou Rubbia e colaboradores a propor a transformação dos aceleradores de alvo fixo em colisores próton-antipróton. Caso essa ideia pudesse ser implementada no SPS ou no Fermilab (e Rubbia fez a proposta para ambos), produziria o acelerador de maior energia de colisão do mundo e poderia explorar novos fenômenos em física de partículas.

O CERN saiu na frente dessa vez. Seu conselho rapidamente aprovou o projeto que ficou conhecido como Super Próton-Antipróton Síncroton, ou Sp$\bar{p}$S. Os desafios para a construção desse novo tipo de colisor eram imensos. A maior dificuldade dizia respeito à produção, ao armazenamento e à aceleração de antiprótons. A solução encontrada foi engenhosa: usar o feixe de prótons do velho PS de 26 GeV para produzir os antiprótons, que eram então separados e armazenados em outro anel, chamado "acumulador de antiprótons".

"Guardar" antiprótons é bastante difícil. Não se pode sim-

O detector UA1.

plesmente colocá-los em uma jarra, pois eles rapidamente se aniquilariam ao colidir com os prótons da parede. A maneira de acumular antiprótons é aprisioná-los usando campos elétricos e magnéticos, sem contato com nenhuma matéria. A primeira colisão próton-antipróton do mundo ocorreu em 9 de julho de 1981. O Sp$\bar{p}$S funcionava!

Em meados da década de 1980, o CERN produzia cerca de 100 bilhões de antiprótons por dia. Isso podia provocar temores quanto à produção de bombas de antimatéria, como alguns filmes de Hollywood mostravam. Entretanto, um simples cálculo mostra que, se todos os antiprótons acumulados por cem anos no CERN fossem convertidos em energia, esta seria suficiente apenas para acender uma lâmpada de 100 Watts por quatro horas.

Rubbia também liderou a construção de um novo tipo de detector de partículas, conhecido pela sigla UA1 (pois ficava na área subterrânea 1), que, junto com um segundo detector (UA2, é claro), identificou em 1983 que o Sp$\bar{p}$S de fato produziu as partículas responsáveis pela força fraca, os bósons W e Z. O comitê do prêmio Nobel reconheceu rapidamente a importância fundamental desse resultado, que comprovava o Modelo Padrão.

Esses detectores usaram uma nova técnica, que resultou em um importante avanço na área. Detectores anteriores eram baseados em câmaras de bolhas, onde os traços de partículas deviam ser fotografados em um processo bastante ineficiente. As fotografias eram estudadas por equipes de analistas, em sua maioria mulheres treinadas para essa função, para encontrar eventos interessantes. A última grande câmara de bolhas, chamada Big European Bubble Chamber, tinha um volume de 35 m^3 preenchido com hidrogênio líquido. Ela funcionou em vários experimentos no CERN até 1984, tirando cerca de 6 milhões de fotografias. Hoje, encontra-se exposta no jardim externo do CERN, impressionando os visitantes pelo tamanho.

Os novos detectores UA1 e UA2 usaram instrumentos em que os sinais das partículas podiam ser digitalizados, evitando o uso de fotografias e permitindo que computadores realizassem a análise dos dados. Entre esses instrumentos estavam as câmaras de fios, desenvolvidas pelo físico francês Georges Charpak, que por esse motivo recebeu o prêmio Nobel em 1992. Foi uma verdadeira revolução, aumentando a velocidade e a quantidade de coleta e análise dos dados experimentais.

Todos os detectores modernos usam sinais digitalizados, que também permitem uma rápida e clara visualização dos eventos ocorridos nas colisões. Mostrarei mais adiante os sinais correspondentes a um bóson de Higgs obtidos nos detectores do LHC.

13. Aceleradores de elétrons

Até agora descrevemos o desenvolvimento de aceleradores de prótons. No entanto, qualquer partícula que possua carga elétrica pode ser acelerada pelos métodos tradicionais. Em particular, feixes de elétrons também podem ser acelerados até altas energias. Elétrons são utilizados para realizar experimentos com maior precisão pois, ao contrário dos prótons, não possuem estrutura interna. Até onde sabemos, elétrons são realmente partículas fundamentais, pontuais. Prótons, ao contrário, são como sacolas contendo quarks e glúons. Dizemos que, em geral, aceleradores de prótons são máquinas com potencial para descobrir novas partículas, enquanto aceleradores de elétrons podem ser construídos para estudar em detalhe o comportamento e as propriedades de partículas já conhecidas.

Antes de tornar-se diretor do Fermilab, Bob Wilson construiu vários síncrotons de elétrons na Universidade Cornell, chegando a acelerar elétrons a energias de até 12 GeV. No entanto, o maior avanço em aceleradores de elétrons nos Estados Unidos ocorreu na Costa Oeste, mais uma vez na Califórnia, não muito longe do laboratório, em Berkeley, onde Lawrence havia desenvolvido o cíclotron.

STANFORD E O TAMANHO DO PRÓTON

A Universidade Stanford foi inaugurada em 1891, fruto da visão do milionário Leland Stanford, que se mudara para a Califórnia durante a famosa "corrida do ouro". Fez fortuna com a construção de linhas ferroviárias e chegou ao cargo de governador do estado e senador. A universidade logo se tornou um centro de excelência. Fica localizada no chamado "Vale do Silício", uma região com grande número de empresas de alta tecnologia, muitas das quais fundadas por seus ex-estudantes, como o Google.

Após a guerra, um grupo do Departamento de Física de Stanford começou a pesquisar outro tipo de acelerador: um acelerador linear.[1] Uma tecnologia desenvolvida durante a guerra para o radar, denominada "klystron", poderia ser utilizada para acelerar elétrons. Já em 1947, o grupo havia construído como protótipo um acelerador linear de quatro metros com energia de 6 MeV. Em 1951, os primeiros experimentos começaram a ser realizados em um acelerador de 27 metros com feixes de elétrons de 180 MeV.

O grupo do físico norte-americano Robert Hofstadter estudou o que acontecia com os elétrons quando colidiam com um alvo de prótons. Descobriu que os resultados experimentais não concordavam com as previsões teóricas, calculadas assumindo que os prótons são partículas elementares, isto é, puntiformes. Esses resultados podiam ser explicados caso o próton tivesse um tamanho pequeno, mas finito. De fato, suas medidas, publicadas em 1956, indicavam que o próton tem um raio de aproximadamente 1×10^{-15} metros. Em uma notação mais familiar, isso equivale a 0,000000000000001 metros (catorze zeros depois da vírgula).

Essa importante descoberta, que valeu a Hofstadter o prêmio Nobel de 1961, imediatamente levantou uma questão óbvia: se o próton não é uma partícula elementar, de que é feito?

A resposta teve de esperar quase uma década e foi obtida no mesmo laboratório.

SLAC E OS QUARKS

O acelerador linear da Universidade Stanford, com comprimento de quase cem metros em 1960, acelerava elétrons até uma energia de 900 MeV. Com o sucesso desses aceleradores, e escorado pelo prêmio Nobel de Hofstadter, o grupo de Stanford propôs a construção de um grande acelerador linear, financiado pelo governo americano. O laboratório associado ao novo acelerador deveria ser nacional, administrado de modo independente da universidade, ao qual físicos de todas as partes do país poderiam ter acesso. Em 1962 nascia o Stanford Linear Accelerator Laboratory, conhecido pela sigla SLAC. O novo acelerador linear de duas milhas, ou aproximadamente 3,2 km, acelerava feixes de elétrons a energias de 20 GeV em 1967.

As evidências para a existência de quarks dentro do próton surgiram em uma série de experimentos realizados no SLAC entre 1967 e 1973.[2] Na melhor tradição de Rutherford, elétrons de altas energias produzidos no SLAC eram atirados contra alvos com prótons para estudar como a carga elétrica estaria distribuída dentro deles. Em 1969 ficou claro que o próton continha estruturas puntiformes de spin ½ (férmions), que foram posteriormente identificadas com os quarks propostos por Gell-Mann. Mais tarde, novos dados experimentais poderiam ser explicados caso o próton e o nêutron fossem compostos de três quarks com carga elétrica fracionária. O próton seria composto dos quarks (uud), e o nêutron dos quarks (udd). Como o quark u e o quark d possuem cargas elétricas de ⅔ e -⅓, respectivamente, a soma é de +1 para o próton e 0 para o nêutron. A realidade dos quarks, comprovada por vários outros experimentos ao longo dos anos, tornou-se algo corriqueiro. Os experimentos também apontavam para a existência dos glúons dentro de prótons, nêutrons e outros hádrons.

Quando prótons colidem no LHC, são seus constituintes, quarks e glúons, que se chocam e produzem novas partículas. Os glúons, em particular, têm papel dominante na produção do bóson de Higgs no LHC.

SLAC E O BRASIL

O físico brasileiro José Goldemberg trabalhou no SLAC realizando experimentos em 1962. Por volta de 1968, o acelerador chamado Mark II, não mais em uso em Stanford, foi oferecido ao Brasil e aceito por Goldemberg, pois poderia dar continuidade aos trabalhos desenvolvidos por seu grupo em física nuclear. Goldemberg encarregou o físico ítalo-brasileiro Giorgio Moscati de passar um mês no SLAC acompanhando a desmontagem do Mark II e se familiarizando indiretamente com seu funcionamento, visto que ele já não operava. O acelerador havia sido bastante modificado em relação ao projeto original, de 1949. Moscati e outros físicos participaram ativamente da montagem, operação e realização de experimentos com o Mark II na Universidade de São Paulo. Com cerca de dez metros de comprimento, o aparelho chegou a operar com energias de 66 MeV de 1971 a 1993.[3]

Cabe lembrar os primeiros aceleradores que tivemos por aqui.[4,5] No início dos anos 1950, dois pupilos de Wataghin foram os pioneiros na construção de aceleradores no Brasil. Marcelo Damy e sua equipe montaram o primeiro acelerador de partículas da América Latina, um acelerador de elétrons chamado Betatron, com energia de 22 MeV, que teve seu primeiro feixe em 1951. Oscar Sala coordenou a construção de um acelerador eletrostático do tipo Van de Graaff, mencionado brevemente no capítulo 3, com capacidade de acelerar partículas a energias de até 3 MeV e que funcionou até o final da década de 1960, realizando pesquisas em física nuclear. Foi substituído pelo acelerador Pelletron, uma evolução do acelerador Van de Graaff, comprado e instalado pela equipe liderada por Sala. Capaz de acelerar núcleos atômicos a energias de 8 MeV, entrou em operação em 1972 e continua em funcionamento até hoje.

No começo dos anos 1950, Rabi sugeriu a Lattes propor ao CNPq a construção de um cíclotron no recém-fundado Centro Brasileiro de Pesquisas Físicas, no Rio de Janeiro. Inicialmente aprovado, o projeto acabou sendo cancelado devido à crise nacional que culminou com o suicídio de Getúlio Vargas. Lattes, que já estava bastante envolvido com o projeto, ficou muito abalado e deixou o país por uma época.

14. Colisões elétron-pósitron

Bruno Touschek era filho de mãe judia e não pôde continuar seus estudos de física na sua nativa Viena ocupada pelas tropas de Hitler. Foi trabalhar para uma empresa alemã em Hamburgo, onde conseguiu esconder sua origem. Seu chefe era Rolf Wideröe, o cientista norueguês cujo trabalho fundamental sobre aceleração de partículas inspirou Lawrence a inventar o cíclotron em 1930. Wideröe fora convencido a trabalhar para os nazistas com a promessa de que isso poderia ajudar seu irmão, preso pelo regime. Os nazistas tinham um plano mirabolante: desenvolver uma nova arma baseada em um acelerador de elétrons, capaz de emitir raios X com intensidade suficiente para derrubar aviões. Obviamente essa arma secreta nunca funcionou, mas Wideröe e alguns colaboradores, entre eles Touschek, tiveram financiamento para construir aceleradores de elétrons.

Touschek acabou sendo descoberto e preso pela Gestapo e Wideröe conseguiu levar-lhe livros, comida e cigarros na prisão. Discutiam bastante sobre aceleração de partículas. Com a proximidade das tropas inglesas, os prisioneiros deviam ser transferidos para outra cidade. Essas transferências eram realizadas a pé, em caminhadas conhecidas como "marchas da morte", nas quais muitos prisioneiros, já enfraquecidos pelo tratamento sub-humano, morriam. Durante a marcha, um dos livros que Touschek carregava caiu. Ele tentou pegá-lo, mas um soldado alemão impaciente disparou um tiro que pegou nele de raspão. Perdendo muito sangue, ele foi deixado para trás, dado como morto. Resgatado por passantes, foi tratado, enviado para outra prisão e libertado em junho de 1945. Em 1949, terminou sua tese de doutorado sobre aceleradores de partículas e em 1952 começou a trabalhar na Universidade de Roma.[1]

Em 1960 Touschek propôs a construção de um anel de acumulação para acelerar elétrons e pósitrons. Como já vimos, os elétrons e suas antipartículas, os pósitrons, possuem exatamente a mesma massa mas cargas elétricas de sinais opostos. Podem, portanto, circular em órbitas idênticas no mesmo anel sob a ação de um campo magnético, mas em sentidos opostos. Com alguma engenhosidade seria possível fazer com que eles colidissem em certas regiões do anel. Apesar de várias dificuldades técnicas, a grande vantagem era que toda a energia dos feixes poderia ser convertida em criação de novas partículas.

Em 1961, o Anello d'Accumulazione (AdA), com diâmetro de apenas 1,6 m, entrou em operação em Frascati, próximo a Roma, onde antimatéria, no caso pósitrons, foi acumulada pela primeira vez na história. Seu sucessor, denominado Adone (grande AdA em italiano), com 105 metros de circunferência, funcionou de 1969 a 1993, produzindo colisões elétron-pósitron de até 3 GeV de energia. Certamente esse experimento serviu de inspiração para Rubbia elaborar seus planos de colisão próton-antipróton, que se tornaram realidade com o S$p\bar{p}$S.

Os físicos do SLAC decidiram que os futuros aceleradores construídos no laboratório deveriam ser do tipo anéis de colisão entre elétrons e pósitrons, como os propostos por Touschek. A primeira máquina, denominada SPEAR, com uma circunferência de duzentos metros, começou a funcionar em 1972 e obteve uma energia total de 7,4 GeV por colisão, que poderia ser convertida, na totalidade, em novas partículas. Duas grandes descobertas, reconhecidas com o prêmio Nobel, foram realizadas por experimentos no SPEAR. Um novo tipo de quark com carga elétrica +⅔ (irmão mais pesado do quark up) foi detectado em 1974 e chamado de "charm" (detectado simultaneamente no laboratório de Brookhaven e por muito pouco não antes pelo Adone). A descoberta do charm estabeleceu de vez o modelo de quarks. O lépton "tau", o irmão mais pesado do elétron, foi encontrado em 1977.[2]

O sucessor do SPEAR, denominado PEP, entrou em operação em 1980, com uma energia total de 29 GeV. Mais tarde, um desenho revolucionário reutilizou o famoso acelerador linear de duas milhas, transformando-o em um colisor elétron-pósitron que iniciou suas atividades em pesquisa em 1989. Com uma energia total de aproximadamente 90 GeV, o SLC (SLAC Linear Collider) tinha como objetivo estudar minuciosamente as propriedades do bóson Z, uma das partículas responsáveis pela interação fraca. Produziu cerca de 500 mil Zs até seu fechamento, em 1998. Foi o primeiro e único colisor linear de elétron-pósitron no mundo. Um dos motivos para encerrar as atividades do SLC foi a perda de competitividade para o novo anel de colisão elétron-pósitron do CERN, o gigantesco Large Electron-Positron Collider (LEP), assunto do próximo capítulo.

O último acelerador de partículas a funcionar no SLAC, chamado PEP-II, foi fechado em 2008. Atualmente não há mais pesquisas em física experimental de partículas no SLAC (ainda existe um grupo teórico importante em franca atividade). O laboratório dedica-se atualmente à produção de luz síncroton e de raios X de alta intensidade para pesquisa em ciências dos materiais e biologia.

Vista aérea do SLAC, mostrando o acelerador linear de elétron-pósitron, o SLC.

15. LEP: o precursor do LHC

O planejamento e a construção de um grande acelerador de partículas levariam mais de uma década e o CERN precisava decidir seu futuro a longo prazo, depois do Sp$\bar{p}$S. Existiam vários motivos científicos sinalizando que a melhor opção seria construir um grande anel de colisão elétron-pósitron. Esse projeto recebeu o nome de Large Electron-Positron Collider, conhecido pela sigla LEP. Estudos nesse sentido começaram em 1976. O físico alemão Herwig Schopper foi nomeado diretor-geral do CERN em 1980 e comandou a construção do LEP. Este capítulo é baseado em seu livro.[1]

Como elétrons e pósitrons são partículas elementares sem estrutura interna, pelo menos até onde sabemos, suas colisões são facilmente estudadas. Dizemos que os eventos gerados a partir das colisões são "limpos", em contraste com o que acontece em colisão de prótons, que são partículas compostas. Assim, medidas de grande precisão poderiam ser realizadas, testando a acurácia do Modelo Padrão em descrever a física de partículas.

Partículas com carga elétrica movendo-se em órbitas circulares emitem um tipo de luz denominada "luz síncroton". Essa luz, produzida em diversos laboratórios no mundo, é usada para investigar novos materiais e sistemas biológicos. No Brasil, o Laboratório Nacional de Luz Síncroton (LNLS), em Campinas, acelera elétrons a energias de 1,37 GeV em órbitas circulares com o propósito de gerar esse tipo de luz. Um novo acelerador, o Sirius, com energia de 3 GeV, está em construção no LNLS e deverá entrar em operação em 2016.[2] No entanto, esse mesmo processo representa um grande obstáculo quando o objetivo é obter a maior energia possível para o feixe, como é o caso do LEP. O problema é que essa emissão se torna muito intensa rapidamente com o aumento da energia do feixe (para prótons, que são cerca de 2 mil vezes mais pesados que elétrons, o efeito é muito menor). Desse modo, há grande perda de energia devido à emissão da luz síncroton. A perda deve ser compensada com a injeção de mais energia no sistema. Isso encarece bastante a conta elétrica do laboratório e é um fator limitante para a energia final do feixe.

Essa perda não ocorre em aceleradores lineares, mas eles apresentam outras desvantagens. Uma delas, por exemplo, é que a colisão entre os feixes acontece apenas uma vez, ao contrário do que ocorre nos anéis de colisão, onde os feixes circulam várias vezes. Quando se compara o custo da construção e manutenção de um acelerador de elétron-pósitron para diferentes energias do feixe, conclui-se que para feixes com energias menores que aproximadamente 300 GeV é mais vantajoso construir um anel de colisão.

O projeto do LEP, depois de vários estudos, foi aprovado pelo conselho do CERN em outubro de 1981, com um orçamento de 910 milhões de francos suíços (na época). O projeto consistia de um anel de aproximadamente 27 km de circunferência (26 658,883 m, para ser mais preciso), e o maior custo seria o de construção civil: cavar o longo túnel com quatro metros de altura e com uma precisão de 0,1 mm por quilômetro a aproximadamente cem metros abaixo da terra para instalar o anel. Já naquela época planejava-se usar o mesmo túnel para alojar futuramente um anel de colisão de prótons, que viria a ser o LHC.

A construção do túnel do LEP foi o maior projeto na Europa antes da escavação do túnel sob o canal da Mancha, ligando a França à Inglaterra. Um dos maiores desafios, além da precisão, foi a necessidade de cavar sob as montanhas Jura. A escavação do túnel e dos poços de acesso às áreas onde os experimentos seriam realizados (e que também serviram para tirar os mais de 1 milhão de metros cúbicos de terra removidos no processo) foi iniciada em 1983 e finalizada apenas em 1988.

O túnel atravessa a fronteira entre a Suíça e a França algumas vezes, mas essa não foi a causa do maior problema legal relacionado ao projeto. Pela lei suíça, os direitos de um proprietário de terra se estendem a uma profundidade de até aproximadamente cinquenta metros, condizendo com necessidades como, por exemplo, cavar um poço artesiano. Já pela lei francesa, o proprietário de um terreno tem direito ao subsolo até o centro da Terra, em princípio, a não ser que haja alguma riqueza mineral, que nesse caso pertenceria ao Estado. Com o túnel passando por mais de 2 mil propriedades particulares na França, pode-se imaginar a dor de cabeça que foi a negociação individual para obter o direito de escavação. Essa foi a causa principal do atraso de dois anos para o início das obras.

O projeto do LEP foi dividido em duas grandes etapas: LEP1 e LEP2. O LEP1 produziria feixes com energia de até 55 GeV cada um, totalizando uma energia da colisão entre elétrons e pósitrons de 110 GeV, usando uma tecnologia convencional para a aceleração. O LEP1 seria uma "fábrica de bósons Z", produzindo uma imensa quantidade dessas partículas. Assim suas propriedades poderiam ser estudadas com bastante precisão. Na segunda fase, o LEP2, uma tecnologia com módulos de aceleração supercondutores, que minimizam a perda de energia, pode levar a energia total da colisão a atingir 200 GeV. A motivação física dessa fase era a produção de pares de bósons W, cada um com massa de aproximadamente 84 GeV. Além disso, poderia em princípio ser produzido também o bóson de Higgs, dependendo do valor de sua massa.

As primeiras colisões no LEP ocorreram em 1989, apenas um ano após o término das escavações do túnel. Isso demonstra a grande eficiência no planejamento e na execução do projeto, dado que aproximadamente 60 mil toneladas de equipamentos tiveram de ser instaladas ao longo do túnel. No ano seguinte, o número de colisões atingiu o patamar desejado, e os dados gerados começaram a ser coletados e analisados por quatro grandes experimentos construídos ao redor do túnel. O Brasil teve participação em um desses experimentos, chamado DELPHI.

Em geral, os mandatos do diretor-geral do CERN são de quatro anos. Apenas em casos excepcionais eles são estendidos. Isso aconteceu com Schopper, que teve seu mandato prorrogado até 1989. Quando as primeiras colisões do LEP ocorreram, Schopper já havia sido substituído por Carlo Rubbia.

A primeira fase, o LEP1, ocorreu de 1990 a 1996. Nessa etapa, cerca de 17 milhões de partículas Z foram produzidas e estudadas. Apenas como comparação, Rubbia recebeu o prêmio Nobel em 1984 pela descoberta das partículas W e Z com menos de dez bósons Z detectados.

O LEP1 inaugurou uma nova era de medidas de grande precisão de importantes parâmetros em física de partículas. Alguns exemplos são as propriedades da partícula Z, como sua massa e seus modos de desintegração, a intensidade da força fraca e da força forte, entre vários outros. O Modelo Padrão foi exaustivamente testado e suas previsões, obtidas a partir de cálculos quânticos sofisticados e precisos necessários para uma comparação com os novos dados experimentais, confirmadas.

Foi no início das operações do LEP1 que se percebeu a necessidade de compartilhamento da grande quantidade de dados entre os milhares de participantes dos grupos experimentais, espalhados ao redor do mundo. A solução foi desenvolver uma linguagem e um protocolo que facilitassem essa tarefa usando a internet, então incipiente. Tim Berners-Lee, um cientista britânico trabalhando no CERN, inventou a world wide web (WWW) em 1989. Sua proposta para desenvolver um sistema distribuído de gerenciamento de informações foi aprovada por seu supervisor, que escreveu na capa da proposta o comentário "*Vague but exciting*" [Vago, mas estimulante]. Berners-Lee desenvolveu um protocolo de transferência de informação, o hypertext transfer protocol — o famoso "http" que aparece nos endereços da rede. O primeiro endereço da internet, http://info.cern.ch, está sendo agora usado para manter a história desse grande avanço. E o computador usado como o primeiro servidor de rede usando a WWW está em exposição no CERN.

Em 1993 o CERN disponibilizou o código-fonte da world wide web gratuitamente para o público. No final desse ano havia cerca de quinhentos servidores. Vinte anos depois, estima-se em 630 milhões o número de servidores on-line. Provavelmente a direção do centro se arrepende amargamente de não ter patenteado essa tecnologia, criada para a comunicação entre cientistas e hoje universalmente adotada.

A segunda fase, o LEP2, teve início em 1996, quando a energia atingiu o limiar para a produção de um par de partículas W. Ao contrário das partículas Z, que não possuem carga elétrica, os Ws podem ter carga elétrica positiva ou negativa. Assim, no LEP eles podem ser produzidos apenas em pares com carga elétrica total

Vague but exciting ...

CERN DD/OC — Tim Berners-Lee, CERN/DD

Information Management: A Proposal — March 1989

Information Management: A Proposal

Abstract

This proposal concerns the management of general information about accelerators and experiments at CERN. It discusses the problems of loss of information about complex evolving systems and derives a solution based on a distributed hypertext sytstem.

Keywords: Hypertext, Computer conferencing, Document retrieval, Information management, Project control

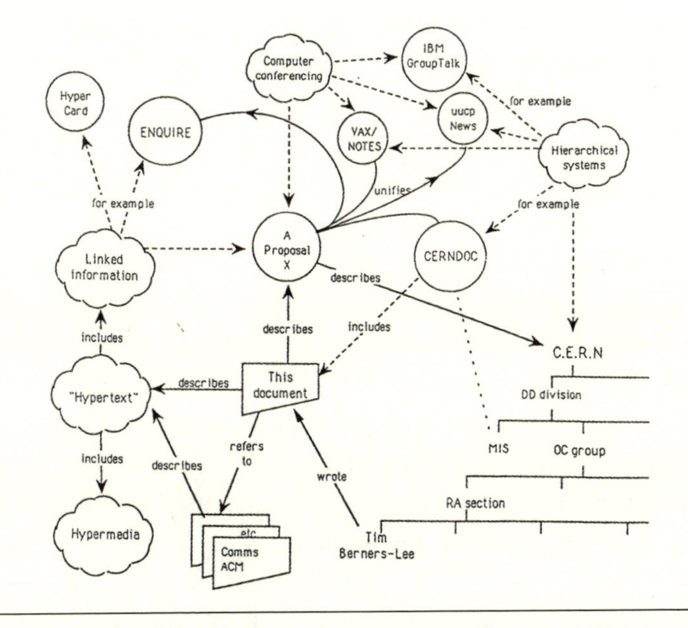

Capa da proposta de 1989 de Tim Berners-Lee para um sistema de gerenciamento de informações que resultou na invenção da world wide web. Note o comentário de seu supervisor no canto superior direito. Essa figura estampa camisetas vendidas na loja de suvenires do CERN.

nula. Isso torna o processo mais difícil, pois é necessário atingir uma energia total na colisão equivalente, pelo menos, à massa de duas partículas W, ou seja, aproximadamente 165 GeV. Cerca de 40 mil partículas W foram produzidas, o que tornou possível um estudo minucioso de suas propriedades, confirmando novamente as previsões do Modelo Padrão.

Havia a esperança de que o LEP pudesse descobrir o quark top. Apesar de esse quark ser uma previsão do Modelo Padrão, sua massa não podia ser estimada teoricamente. Assim, não se sabia se a energia do LEP seria suficiente para produzir o quark top. De fato não foi e, como já dito, o quark top veio a ser produzido e detectado em 1995 no Fermilab. No entanto, a existência desse quark afeta cálculos teóricos precisos, cujos resultados apresentam uma pequena dependência com sua massa. A comparação desses cálculos com medidas realizadas no LEP1 levou a uma estimativa da massa do quark top, confirmada posteriormente no Fermilab.

Algumas vezes, quando um acelerador está prestes a ser desligado, os cientistas percebem sinais de que estão próximos de uma grande descoberta. Pode parecer um problema de psicologia social, mas já vi isso acontecer algumas vezes durante minha carreira. Com o LEP não foi diferente, em seu final dramático. Em 2000, alguns experimentos indicaram a detecção de sinais correspondentes ao bóson de Higgs. O LEP funcionava com sua energia máxima, de 209 GeV. Porém, os resultados não eram estatisticamente conclusivos. Houve um clamor para estender o período de funcionamento do equipamento, a fim de verificar esses resultados com mais dados. Com o risco de atrasar o projeto do LHC, a direção do CERN, representada pelo então diretor-geral, o físico italiano Luciano Maiani, decidiu manter o cronograma original. Às 8h de 2 de novembro de 2000 o LEP foi desligado.

Como os cientistas procuraram mas não encontraram o bóson de Higgs, os experimentos combinados conseguiram colocar um limite inferior na massa da partícula. Se o bóson de Higgs realmente existisse na natureza como descrito pelo Modelo Padrão, sua massa deveria ser maior que 114,4 GeV. Esse limite foi a informação mais sólida sobre o bóson de Higgs até a entrada em operação do LHC, oito anos depois.

16. O fiasco americano

Snowmass Village é uma conhecida estância de esqui localizada a uma altitude de 2500 metros nas Montanhas Rochosas, no estado do Colorado, Estados Unidos. Isolamento, tranquilidade, beleza natural e boas condições de trabalho tornaram essa pacata vila um dos lugares favoritos dos físicos de partículas americanos para a realização de grandes e importantes encontros, que ficaram conhecidos como Encontros de Snowmass, organizados pela Divisão de Partículas e Campos da Sociedade Americana de Física. Em reuniões no verão, na baixa estação, centenas de físicos discutiam de modo intenso o futuro da área de pesquisa, longe das distrações cotidianas das universidades e dos laboratórios.

No Encontro de Snowmass de 1982, Leon Lederman, então diretor do Fermilab, apresentou sua visão para o futuro da física de altas energias nos Estados Unidos.[1] Mencionando a competição com a Europa, principalmente com o CERN, conclamou seus colegas a começar, com urgência, o planejamento do próximo grande acelerador de partículas americano. Lederman previu que o CERN teria um colisor de prótons com energia de aproximadamente 10 TeV nos anos 1990. Para manter a hegemonia dos Estados Unidos, gravemente ameaçada, seria necessário construir um acelerador ainda maior e mais potente, talvez com energia de 20 a 40 TeV. Lederman sabia que, mesmo com os eletroímãs supercondutores mais potentes na época, um acelerador dessa magnitude simplesmente não caberia em nenhum dos quatro laboratórios americanos dedicados a esse tipo de pesquisa na época (Fermilab, Brookhaven, SLAC e Cornell). Por isso, encerrou sua fala com um apelo para que a comunidade americana começasse a pensar na possibilidade de construir um novo laboratório nacional para abrigar esse grande projeto. Estava lançada a semente do que ficaria conhecido como Superconducting Super Collider, ou simplesmente SSC.

O apelo de Lederman surtiu efeito: a comunidade, eletrizada pelo desafio e pela perspectiva de recuperar de vez a liderança mundial na área, abraçou a sugestão com entusiasmo. Um grupo denominado SSC Reference Designs Study foi criado em novembro de 1983, baseado no trabalho voluntário de físicos dos grandes laboratórios. Maury Tigner, professor da Universidade Cornell, discípulo de Robert Wilson, foi escolhido líder desse grupo. O laboratório de Berkeley acolheu os trinta cientistas que participavam desse grupo em tempo integral. Em maio de 1984, o grupo submetia o primeiro estudo sobre o SSC para o Departamento de Energia americano, que decidiria sobre o financiamento do projeto, aprovado três meses depois. Para a fase seguinte, outra equipe, a Central Design Group, foi organizada. Tigner também a liderou. A função desse grupo seria iniciar o processo de seleção do sítio para o novo acelerador, definir a tecnologia a ser usada e detalhar o projeto do SSC. Os Encontros de Snowmass de 1984 e 1986 ajudaram a aumentar o apoio ao projeto.

Em janeiro de 1987, o então presidente americano, Ronald Reagan, anunciou o apoio do governo ao SSC, com custo estimado de 4,5 bilhões de dólares. Após uma análise das propostas apresentadas por vários estados americanos, em novembro de 1988 foi anunciado que o lugar escolhido para o novo laboratório seria a cidade de Waxahachie, no estado do Texas. Coincidentemente, o anúncio foi feito dois dias após a eleição de George Bush (o pai de George W. Bush, também presidente de 2001 a 2009), que possuía fortes vínculos com o Texas, para a presidência dos Estados Unidos.

Em agosto de 1988 o Departamento de Energia determinou que o gerenciamento do projeto multibilionário seria decidido através de uma seleção de propostas. Esse processo espelha o procedimento de contratos do Departamento de Defesa para a construção de, por exemplo, porta-aviões, e foi uma surpresa para muitos físicos. No final, apenas uma proposta foi apresentada, por um consórcio de universidades conhecido como URA (University Research Association), que já administrava com sucesso o Fermilab. Obviamente essa proposta foi selecionada.

Por vários motivos, a escolha do diretor do SSC recaiu sobre o físico experimental Roy Schwitters, professor da Universidade Harvard, que não havia participado diretamente dos estudos anteriores. Foi um golpe muito forte no time comandado por Tigner, designado vice-diretor. Em fevereiro de 1989, após desentendimentos com Schwitters, Tigner desligou-se definitivamente do SSC.

O projeto fazia o LHC parecer pequeno. O anel de colisão teria um comprimento de 87 km, mais de três vezes maior que o LHC. A energia de colisão seria de 40 TeV, duas vezes e meia maior que a energia de colisão no LHC. A construção começou em 1991, mas em 1989 Schwitters e algumas outras pessoas já haviam se estabelecido em instalações provisórias próximas ao local.

No verão de 1990 houve mais um Encontro de Snowmass, com o nome pomposo de Research Directions for the Decade. Eu terminava meu doutorado na Universidade de Chicago e tive a oportunidade de participar desse evento. Meu trabalho nessa época já estava relacionado ao que poderia ser estudado no SSC. Na descrição dos Anais do evento encontra-se: "Com o advento do Superconducting Super Collider [...], a pesquisa na física de partículas de altas energias nos anos de 1990 promete adentrar novas e excitantes fronteiras".[2] O SSC era um fato consumado e as pesquisas da época estavam voltadas para sua futura operação. Em clima de otimismo e excitação, a grande maioria das pessoas nem sequer imaginava o que estava por vir.

Nos Estados Unidos, assim como no Brasil, o orçamento da União deve ser estipulado e aprovado anualmente pela Câmara dos Deputados e pelo Senado. O apoio político ao SSC foi forte no governo Bush, sendo aprovado por boa margem em 1989, 1990 e 1991.[3] Em junho de 1992, no entanto, a Câmara dos Deputados votou favoravelmente a uma emenda para cancelar o projeto. Nessa ocasião, o Senado se manifestou contrariamente e acabou prevalecendo. A mudança dos ventos políticos começou a ser sentida e se acentuou no final de 1992, com a eleição do democrata Bill Clinton e a renovação de deputados e senadores. Em junho de 1993, a Câmara novamente votou pelo cancelamento do SSC. O novo governo apoiou o projeto sem muito entusiasmo. O Senado novamente mostrou seu compromisso com os planos para o acelerador, mas dessa vez a oposição foi mais forte. O livro de Lederman, como já mencionamos, chegou tarde demais.

Havia alguns motivos para essa oposição ao projeto. Os Estados Unidos entraram em um período de recessão, iniciado com o colapso da bolsa de valores em outubro de 1987. O final da Guerra Fria — marcado pela queda do Muro de Berlim, em novembro de 1989, e o desmembramento da União Soviética, em 1991 — encerrou uma fase iniciada após a Segunda Guerra Mundial, de apoio irrestrito aos projetos de física de altas energias motivado por razões estratégicas de cunho militar. De fato, um famoso projeto de defesa, Strategic Defense Initiative, popularmente conhecido como Star Wars, também foi cancelado nessa época. A verba soli-

Obras do túnel do Superconducting Super Collider, SSC, projeto abandonado pelo governo americano em 1993.

citada, na casa de bilhões de dólares, era dez vezes maior que a usada para construir os laboratórios então em atividade, como o Fermilab. Também não ajudou o fato de que a estimativa dos custos com o SSC aumentou significativamente entre o início do projeto e 1991: de 4,5 bilhões de dólares para 8,25 bilhões de dólares, revisto para 11 bilhões em 1993. Isso levou a desconfianças sobre o gerenciamento do projeto, com uma campanha negativa realizada pela mídia que afetou a opinião pública.

O Congresso americano foi dúbio com relação à participação de parceiros internacionais no SSC. Ao mesmo tempo que solicitava dos cientistas que buscassem financiamento através de parcerias internacionais, insistia que o projeto deveria ser nacional. Em uma visita a Washington em 1987, como parte de uma delegação europeia criada para verificar a possibilidade de uma contribuição ao projeto, Herwig Schopper, então diretor-geral do CERN, ouviu a seguinte declaração: "O presidente decidiu construir a máquina e vocês têm a opção de se juntarem ao projeto ou deixá-lo". Não foi à toa que a participação internacional nunca se materializou.

Não devemos esquecer que nessa época a construção do LHC ainda era intensamente discutida na Europa. Argumentos foram usados contra o LHC justamente devido à competição com o SSC, que seria superior e poderia ser concluído antes, no final da década de 1990.

Em outubro de 1993, após dez anos de planejamento e 2 bilhões de dólares gastos, o SSC foi cancelado pelo Congresso. A verba reservada para sua construção no ano fiscal de 1994, de 640 milhões de dólares, foi usada para custear seu fechamento. O laboratório do SSC funcionava a todo vapor, com mais de mil funcionários. A escavação de 24 km de túnel já estava terminada e contratos haviam sido assinados para a fabricação de protótipos dos ímãs supercondutores. Estudos detalhados para os grandes detectores necessários para medir o resultado das colisões de partículas foram realizados. No total, além do grande investimento financeiro perdido, centenas de milhares de horas de trabalho acabaram desperdiçadas. As escavações foram interrompidas, as entradas do túnel tampadas, o túnel inundado propositalmente para preservação, os contratos cancelados, os funcionários demitidos. O projeto foi abortado e abandonado.[4] No início de 2012, quase vinte anos após o cancelamento, a propriedade foi adquirida por uma indústria química.[5]

Fui diretamente afetado por esses eventos. O estado do Texas havia criado a Texas National Research Laboratory Comission

(TNRLC) para apoiar as atividades do SSC.[6] Entre suas atribuições, a TNRLC ofereceu bolsas de pós-doutorado para projetos envolvendo pesquisas relacionadas ao SSC. Essas bolsas foram usadas para contratar pós-doutores em universidades americanas, que ficaram conhecidos como "SSC *fellows*" (análogos aos "CERN *fellows*"). Recebi uma proposta para trabalhar como SSC *fellow* na Universidade Northeastern em Boston, começando em setembro de 1992. Era meu segundo pós-doutorado, após um período de dois anos na Universidade da Califórnia em Los Angeles (UCLA). Como de costume nesses trabalhos, a bolsa seria de dois anos. No entanto, com o cancelamento do SSC, a TNRLC simplesmente interrompeu o programa dos *fellows* em janeiro de 1994. Com um contrato de aluguel para pagar e outros compromissos, fui salvo por meu colega Sekhar Chivukula, então professor da Universidade de Boston, que me ofereceu uma posição de professor convidado para trabalhar com ele e completar o período normal do pós-doutorado. Obviamente não fui o único prejudicado. O mercado de trabalho na minha área de pesquisa foi fortemente reduzido nessa época. Os empregos universitários em física de partículas praticamente desapareceram nos Estados Unidos.

O cancelamento do SSC foi um desastre para a física de altas energias nos Estados Unidos. Marcou o início da perda da liderança americana na área. Um a um, os grandes laboratórios foram encerrando suas atividades na fronteira das altas energias. O último foi o Fermilab, com o desligamento do Tevatron em setembro de 2011. No entanto, deve-se mencionar que atualmente os Estados Unidos participam ativamente dos experimentos do LHC, sendo o maior contingente de cientistas de um único país no CERN. A comunidade americana ainda tenta reagir. Um encontro do tipo Snowmass em agosto de 2013 foi marcado para discutir um planejamento de longo prazo para a física de altas energias nos Estados Unidos. Cortes no orçamento impossibilitam usar o Snowmass

Village. O nome do encontro é Snowmass on the Mississipi, realizado em Minneapolis.[7] Sinal dos tempos de vacas magras.

A lição a ser aprendida é que grandes investimentos científicos, com vários anos de planejamento e construção, devem possuir fontes estáveis de financiamento. No caso do CERN, por exemplo, os países-membros contribuem anualmente com uma porcentagem fixa de seu PIB, deixando o conselho do laboratório livre para decidir como melhor usar o dinheiro.

É difícil resistir à tentação de especular o que teria acontecido caso o SSC tivesse sido construído. Provavelmente estaria concluído no início dos anos 2000, talvez dez anos antes de o LHC ter funcionado a contento. O projeto do LHC teria de ser revisto, pois não poderia competir em pé de igualdade. O bóson de Higgs e quiçá outras novas partículas talvez fossem descobertas em meados da primeira década do século XXI, e a comunidade de altas energias estaria muito mais desenvolvida. Mas esse exercício de especulação é agora totalmente inútil...

17. Large Hadron Collider

Chegamos finalmente ao ápice atual dos aceleradores de partículas. O Large Hadron Collider (LHC) é o mais recente membro da linhagem iniciada há mais de oitenta anos, quando os pioneiros Cockcroft, Walton e Lawrence inventaram os primeiros aparelhos dedicados a acelerar partículas. Ao longo dos anos, grandes laboratórios foram construídos para abrigar as cada vez maiores, mais caras e mais sofisticadas máquinas. Os laboratórios de Brookhaven, Lawrence Berkeley, CERN, SLAC, Fermilab e muitos outros não citados neste livro, na Alemanha, na Rússia e no Japão, foram palco de grandes descobertas. Uma nem sempre amigável corrida mundial entre os cientistas foi estabelecida para obter as maiores energias possíveis nas colisões entre as partículas. Saber do que é feito o universo, quais são seus ingredientes mais fundamentais, quais são as forças da natureza e como elas atuam entre as partículas tem sido o objetivo maior dessa corrida em direção a um melhor entendimento de tudo o que nos cerca.

Uma salutar simbiose entre físicos teóricos e experimentais levou essa corrida ao desenvolvimento e à comprovação do chamado Modelo Padrão das Partículas Elementares, que na verdade é muito mais que um simples modelo. É uma teoria detalhada, um conjunto conciso de equações matemáticas baseadas em princípios de simetrias, que incorpora e descreve com sucesso quase todos os fenômenos medidos até o momento. Note a palavra "quase" na frase anterior — fenômenos que não são explicados pelo Modelo Padrão serão discutidos mais tarde. Mas, mesmo no contexto do Modelo Padrão, havia uma última previsão ainda não comprovada experimentalmente — faltava encontrar e estudar as propriedades do bóson de Higgs. Esse foi um dos principais, mas não o único, motivo para a construção do LHC.

Os cientistas do CERN já pensavam em instalar um acelerador de prótons no túnel construído para alojar o LEP desde meados da década de 1970. Um estudo mais detalhado desse projeto ficou pronto em 1990. Em 1991, pouco depois do início das operações do LEP, o conselho do CERN aprovou uma resolução reconhecendo que o LHC era a máquina certa para o avanço da física de partículas e para o futuro do CERN. Seria o próximo passo na fronteira de altas energias. Apenas no final de 1994 o conselho aprovou definitivamente a construção do LHC, e mesmo assim com um orçamento bastante limitado. Os problemas financeiros da Alemanha na época, dado o custo da reunificação, quase levaram ao cancelamento do projeto. As dificuldades orçamentárias do início do planejamento da construção do LHC são descritas por Chris Llewellyn Smith, físico inglês que substituiu Rubbia como diretor-geral do CERN no período de 1994 a 1998.[1] Vamos agora nos concentrar no funcionamento do LHC.[2]

O LUGAR MAIS FRIO DO UNIVERSO

A energia máxima de um feixe de prótons acelerados em um anel depende basicamente da combinação do raio do anel e da in-

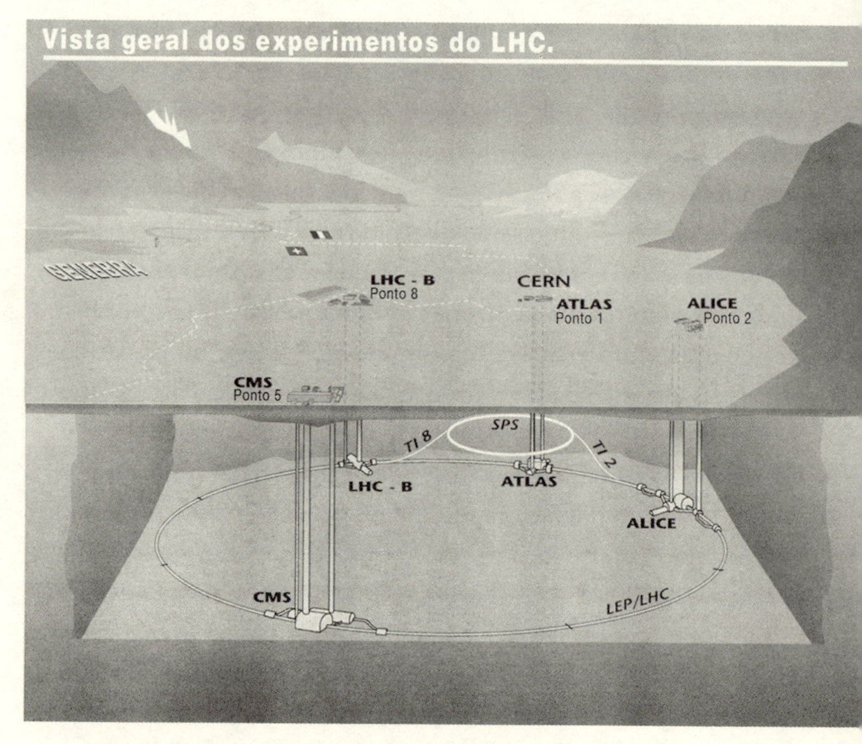

Vista geral esquemática do LHC e seus experimentos.

tensidade do campo magnético dos ímãs usados para curvar o feixe. No caso do LHC, como o tamanho do túnel era fixo, a energia máxima dependia apenas da intensidade do campo magnético. Para o projeto final, campos magnéticos com intensidade de 8,4 T (T é o símbolo de Tesla, em homenagem ao inventor Nikola Tesla, a unidade usada para medir a intensidade do campo magnético) são necessários. Produzir esse gigantesco campo magnético ao longo do extenso túnel foi um dos maiores desafios tecnológicos do acelerador. Apenas como comparação, esse campo magnético é cerca de 100 mil vezes maior que o campo magnético da Terra, responsável por alinhar a agulha de uma bússola. Campos magnéticos intensos também são usados em aparelhos de ressonância magnética, chegando a 3 T nos mais modernos. Porém, nesse caso são restritos a pequenos volumes, suficientes para conter o corpo de uma pessoa.

No LHC existem dois campos magnéticos, cada um deles responsável por manter os dois feixes de prótons circulando em sentidos opostos dentro de dois tubos distintos, separados por apenas cerca de 20 cm. O campo magnético intenso é gerado por eletroímãs, ou seja, por correntes elétricas circulando em bobinas de fios. Para evitar perdas de energia devido à resistência elétrica, efeito útil quando o propósito é esquentar a água em chuveiros elétricos mas nefasto no caso do LHC, utilizam-se materiais cuja resistência elétrica é desprezível: os materiais supercondutores. Os fios são feitos de uma liga de nióbio-titânio. Essa tecnologia foi desenvolvida pela primeira vez no Tevatron, o colisor do Fermilab. O problema é que esse material se torna supercondutor apenas em temperaturas muito baixas. Os eletroímãs do LHC operam em uma temperatura de 271,3°C abaixo de zero (1,9 grau Kelvin), muito próxima do zero absoluto (a menor temperatura que pode ser atingida, que é de 273,15°C negativos, equivalente a zero grau Kelvin). A menor temperatura no espaço sideral é de 270,5°C negativos, quase 1°C mais quente que o LHC. Pode-se dizer então que o LHC é o lugar mais frio do universo.

Não é necessário resfriar todo o túnel, apenas a região ao redor dos eletroímãs, com um diâmetro de pouco menos de um metro, que inclui os dois tubos por onde passam os prótons. Resfriar o LHC até a temperatura necessária é uma operação complexa que leva algumas semanas, com um sistema de criogenia altamente sofisticado que usa 120 toneladas de hélio líquido.

A conta de eletricidade do LHC é bastante alta. A maior parte é gasta justamente no sistema de criogenia. O LHC consome por ano cerca de 800 000 MWh. Assumindo que uma casa consome em média 500 kWh por mês, o LHC usa em eletricidade o equivalente a mais de 130 mil residências. No Brasil, onde o kWh custa aproximadamente 40 centavos de real, a conta elétrica do LHC seria de 320 milhões de reais por ano, ou pouco menos de 27 milhões de reais por mês!

O LHC usa 1232 eletroímãs supercondutores do tipo dipolo para encurvar os feixes de prótons, cada um com quinze metros de comprimento e pesando 35 toneladas. Os cientistas levaram dez anos para projetar os eletroímãs, que, depois de construídos, foram instalados no túnel entre 2002 e 2007. Além desses, que são os maiores, vários outros tipos de eletroímãs são necessários para manter os feixes focados e concentrados. Para acelerá-los, são usados potentes campos elétricos gerados por aparelhos chamados "cavidades de radiofrequência".

Técnico trabalhando na instalação de um dos ímãs de dipolo do LHC em 2006. Os dois feixes de prótons circulam em sentidos opostos pelos dois tubos no centro do ímã. Os mais de 1200 dipolos foram instalados ao longo do túnel de 27 km de circunferência em pouco mais de um ano.

UM DOS LUGARES MAIS VAZIOS DO SISTEMA SOLAR

Outro grande desafio tecnológico superado pelo LHC veio da necessidade de esvaziar o máximo possível os tubos por onde viajam os prótons. A razão é simples: qualquer obstáculo encontrado, mesmo ínfimo, como algumas moléculas, pode ser suficiente para destruir o feixe de prótons. No LHC consegue-se um "vácuo" de 3 mil moléculas por cm^3. Para efeito de comparação, a atmosfera da Terra possui em média 1×10^{19} (1 seguido de dezenove zeros) moléculas por cm^3, a da Lua cerca de 400 mil moléculas por cm^3 e o meio interplanetário apenas 10 moléculas por cm^3.

O vácuo é um excelente isolante térmico e a tecnologia desenvolvida para o LHC está sendo usada em células solares, que convertem a energia solar em eletricidade, aumentando sua eficiência.[3]

A LONGA VIAGEM DOS PRÓTONS

O elemento químico mais simples da tabela periódica é o hidrogênio, que faz parte da composição da água (uma molécula de água é composta de dois átomos de hidrogênio e um átomo de oxigênio). O átomo de hidrogênio nada mais é que um elétron circulando ao redor de um próton. Os prótons usados no LHC são obtidos a partir do hidrogênio, retirando-se seu elétron.

A viagem dos prótons no CERN é composta de vários estágios. Os antigos aceleradores ainda são usados em alguns desses estágios, economizado gastos e mostrando o ótimo planejamento de longo prazo do CERN. Os prótons são inicialmente acelerados em um pequeno acelerador linear até uma energia de 50 MeV. Em um segundo estágio, são acelerados até 1,4 GeV, quando são então injetados no velho PS (ver o capítulo 7), onde são acelerados a energias de 25 GeV. Em um quarto estágio, o SPS (ver o capítulo 8) é

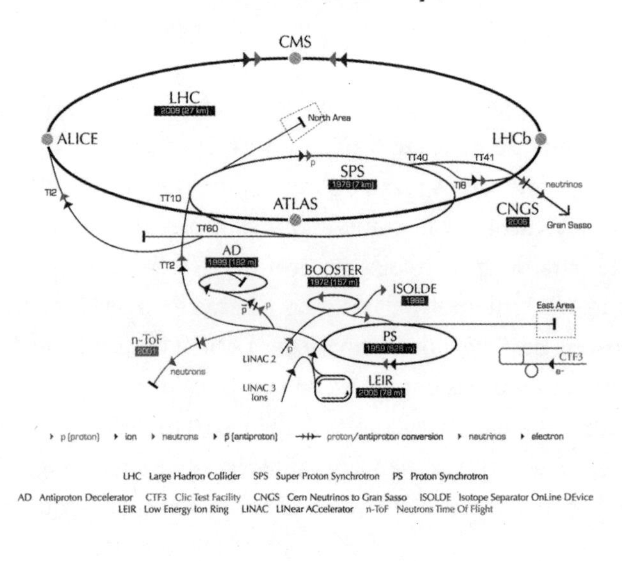

O complexo de aceleradores do CERN, incluindo o PS, o SPS e o LHC. Os anos e a circunferência dos diferentes aceleradores estão nos retângulos abaixo dos respectivos nomes. Os quatro pontos no anel do LHC representam os quatro detectores.

utilizado para acelerar o feixe de prótons até energias de 450 GeV. Finalmente, no quinto e último estágio, os prótons são injetados no LHC, nos dois anéis, por onde circulam em sentidos contrários. Em 2012 a energia de cada feixe de prótons atingiu 4 TeV, ou seja, 4000 GeV, cerca de quatro vezes mais que a energia de seu predecessor, o Tevatron. A energia projetada será de 7 TeV por feixe, e, segundo o atual cronograma, será atingida em 2015.

Os feixes de prótons que circulam no LHC são segmentados em vários pedaços, chamados de pacotes. Cada pacote possui cerca de 100 bilhões de prótons. Apesar de ser um número imenso de prótons, é muito menor que o número de prótons contidos em apenas um grama de hidrogênio, suficiente para prover o LHC por milhares de anos. Em 2011 e 2012, cada feixe de prótons no LHC era composto de cerca de 1380 pacotes, separados por uma distância de quinze metros. Cada pacote tem uma extensão de apenas alguns centímetros, mas sua espessura, perto dos pontos de colisão, é menor que a de um fio de cabelo.

Os prótons no LHC viajam a uma velocidade muito próxima à da luz (99,999994% da velocidade da luz, para ser mais exato). Em um segundo eles dão aproximadamente 11 mil voltas no anel de 27 km. O mesmo feixe de prótons pode ficar circulando por várias horas (tipicamente, dez horas) no anel, antes de ser eliminado.

A energia de 4 TeV de cada próton é muito pequena quando analisada pelos nossos padrões macroscópicos. De fato, a energia de cada colisão é menor que a de um mosquito voando. No entanto, a energia total do feixe de prótons do LHC, quando em funcionamento pleno, será igual à energia de um trem de quatrocentas toneladas andando a uma velocidade de 150 km/s, energia suficiente para derreter 500 kg de cobre. São muitos bilhões de mosquitos! O LHC possui um sistema especial, capaz de absorver toda essa energia caso o feixe apresente alguma instabilidade.

O número total de prótons é muito importante, pois, quando os dois feixes se encontram frontalmente, apenas uma fração muito pequena das colisões produz partículas interessantes. São exatamente essas raras colisões que devem ser meticulosamente estudadas para procurar sinais de novas descobertas. Esses estudos são realizados pelos grandes detectores de partículas, os verdadeiros "olhos" do LHC.

18. Detectores de partículas

O grande objetivo do LHC é estudar quais são as partículas mais fundamentais do universo e determinar suas propriedades, como massa e interações com outras partículas já conhecidas. Muitos modelos teóricos preveem a existência de várias partículas, ainda desconhecidas, cuja detecção poderia revolucionar nosso conhecimento acerca das leis básicas que regem a natureza. Esses modelos servem de guia para a procura experimental de novas partículas.

Essas novas partículas podem ser criadas, grosso modo, através da conversão da energia contida na colisão entre prótons descrita pela famosa equação de Einstein. O grande problema é saber quando novas partículas são de fato produzidas, dentre os milhões de colisões que acontecem. Esse problema é agravado pelo fato de, em geral, as novas partículas serem instáveis: elas se desintegram em frações de segundo em partículas conhecidas. Portanto, é necessário detectar as partículas conhecidas provenientes da desintegração da nova partícula e, a partir de medidas precisas, reconstruir suas propriedades. Essa tarefa é extremamente difícil.

Enormes detectores de partículas foram construídos no LHC com esse propósito.

O túnel de 27 km do LHC não é uma circunferência perfeita. Ele é dividido em oito setores curvos, ou arcos (aproximadamente 22 km do total), e oito setores retos (aproximadamente 5 km do total). Em quatro dos setores retos, os dois feixes de prótons circulando em sentidos opostos são forçados a colidir frontalmente em pontos específicos, chamados "pontos de colisão". Ao redor dos quatro pontos de colisão estão localizados os enormes experimentos construídos para detectar e medir as propriedades dos produtos das colisões entre os feixes de prótons.

Os quatro grandes detectores do LHC são: ATLAS (sigla para A Toroidal LHC ApparatuS), CMS (sigla para Compact Muon Solenoid), LHCb (sigla para Large Hadron Collider beauty) e ALICE (sigla para A Large Ion Collider Experiment). Seria necessário um livro inteiro para descrever em detalhes os detectores do LHC. Basta dizer que todos os sinais são obtidos de forma digital, gerando uma enorme quantidade de dados.

No final de 2012, uma quantidade de 100 petabytes (1 petabyte é equivalente a 1000 gigabytes) de dados estava armazenada nos computadores do CERN. Isso equivale a uma pilha de CDs com mais de 130 km de altura, ou 700 anos de filmes em alta definição. Esses dados estão sendo analisados por uma rede mundial de computadores interligados entre si. O termo em inglês "grid", que significa rede, é usado para designar esse processo de computação distribuída.[1] A estrutura computacional em rede do LHC é hierárquica, dividida em níveis de importância. O nível zero, mais importante, é no próprio CERN, onde os dados são filtrados e guardados. Depois disso, onze grandes grupos de computadores no nível 1 distribuem os dados para mais de 160 grupos no nível 2. No instituto onde trabalho, em São Paulo, existe em grupo de computadores no nível 2 desenvolvido por físicos ligados ao CMS.

Projeto do detector ATLAS. Note as figuras humanas do lado esquerdo, para dar ideia da dimensão do aparato.

Os maiores detectores do LHC são o ATLAS e o CMS. O ATLAS, por exemplo, mede 46 metros de comprimento, 25 metros de altura e 25 metros de largura; pesa 7 mil toneladas. O CMS é um pouco menor em tamanho, mas pesa mais por ser compacto. Ambos foram projetados prioritariamente para estudar novas partículas e transformaram-se em protagonistas na busca pelo bóson de Higgs.

Já o LHCb tem como objetivo estudar as propriedades do quark b, chamado de "bottom" ou às vezes "beauty". Esse estudo testa detalhes fundamentais do Modelo Padrão, principalmente em processos extremamente raros envolvendo os quarks b. Em particular, existe a possibilidade de, a partir desse estudo, entender por que, no universo, existe muito mais matéria que antimatéria. Essa assimetria entre as quantidades de matéria e antimatéria não é natural, no sentido de que em princípio deveria haver quantidades comparáveis das duas. Entretanto, é uma ambição antiga tentar explicar essa assimetria a partir de um início simétrico próxi-

Parte do detector do experimento ATLAS em 2007, antes de o LHC entrar em operação.

mo ao chamado Big-Bang, mas até o momento um mecanismo totalmente satisfatório não foi encontrado. O LHCb pode contribuir para identificar tal mecanismo.

Além de acelerar prótons, o LHC é usado para acelerar núcleos de átomos de chumbo, que são aproximadamente 207 vezes mais pesados. Atualmente, o LHC funciona dessa maneira cerca de um mês por ano. A motivação para realizar esse experimento é que um novo estado da matéria pode ser formado na colisão de núcleos de átomos de chumbo. Esse novo estado da matéria é denominado "plasma de quarks e glúons", um estado em que quarks e glúons contidos nos núcleos de chumbo se comportariam como um fluido por um breve instante após a colisão. O detector ALICE foi construído com o propósito de estudar as propriedades desse novo estado, que só existiu no universo pouco após o Big-Bang.

Os detectores, em geral, têm uma estrutura análoga a uma cebola, com várias camadas concêntricas ao redor do ponto de colisão. Cada uma dessas camadas possui uma função, detectando determinado tipo de partícula. As centenas de partículas produzidas nas colisões de prótons no LHC são emitidas a altas velocidades e em todas as direções. É função das diferentes camadas identificar e medir as propriedades das diferentes partículas, como sua trajetória e sua energia.

Usarei o bóson de Higgs como exemplo de que modo os detectores podem identificar novas partículas. O bóson de Higgs, nas raríssimas vezes em que é produzido em colisões de prótons, desintegra-se rapidamente (aproximadamente 10^{-22} segundos). Há mais de um modo como o bóson de Higgs pode se desintegrar. A desintegração em um par de fótons foi importante para sua descoberta, como veremos adiante. Portanto, os detectores tiveram de identificar pares de fótons cujas trajetórias viessem de um mesmo ponto, o ponto onde o bóson de Higgs foi produzido e se desintegrou. Além disso, a lei da conservação de energia implica que a soma das energias dos fótons deve corresponder à massa do bóson de Higgs. A precisão com a qual a trajetória e a energia dos fótons são medidas é crucial para a identificação do bóson de Higgs.

Os grandes detectores do LHC são fruto da colaboração de milhares de pessoas. Provavelmente são alguns dos instrumentos mais complexos construídos pela humanidade. O CMS, por exemplo, conta com aproximadamente 4,3 mil pessoas ativas, de 182 institutos localizados em 42 países.[2] Seu projeto técnico ficou pronto em 1994. Levou oito anos, de 2000 a 2008, para ser construído. Uma publicação realizada em colaboração no CMS possui, em geral, cerca de 2 mil autores. Países que não são membros do CERN, como o Brasil, podem participar dos experimentos do LHC (e de outros experimentos do CERN), contribuindo para a construção, a operação, a simulação e a análise dos dados experimentais. De fato, grupos brasileiros (professores, engenheiros e estudantes) participam de todos os grandes detectores do LHC. Em janeiro de 2013, nosso país tinha 107 pessoas comprometidas com trabalho no CERN, envolvendo nove instituições brasileiras.[3]

O BRASIL E O CERN

Em 2010, o conselho do CERN aprovou a criação de uma nova categoria de participação, denominada "membro associado", para os países que não são Estados-membros, inclusive situados fora da Europa. Israel e Sérvia tornaram-se membros associados em 2011.

Uma carta de intenções foi assinada entre Brasil e CERN, descrevendo os termos da participação como membro associado em setembro de 2010. A contribuição brasileira necessária é estimada em 10 milhões de dólares por ano, correspondente a 10% do que deveria ser pago caso o Brasil fosse um Estado-membro pleno. Em 9 de dezembro de 2010, no final de seu mandato, o então ministro de Ciência e Tecnologia, o físico Sérgio Rezende, iniciou oficialmente o processo da candidatura do Brasil a membro associado do CERN.

Com o país como membro associado, brasileiros poderão se candidatar a empregos no CERN, empresas brasileiras poderão participar de licitações e fornecer serviços para o CERN e o Brasil terá direito a voz, mas não a voto, nas reuniões do conselho.

Uma delegação do CERN veio ao Brasil em outubro de 2012 para avaliar a situação da pesquisa em universidades e institutos e nas indústrias nacionais. Apenas após o relatório elaborado pela delegação, e uma eventual aprovação do conselho do centro, um projeto político de adesão oficial poderá ser encaminhado ao Congresso nacional para ratificação. Não há previsão de quando isso acontecerá.

19. O quase início do LHC

A construção do LHC e de seus detectores foi uma gigantesca tarefa que levou vários anos e teve seus percalços. O último grande acelerador do CERN, o LEP, deixou de funcionar no final de 2000 para possibilitar o uso do túnel para o novo projeto. Por oito anos o CERN ficou sem um acelerador colhendo dados na fronteira das altas energias. Nessa época, o acelerador Tevatron, do Fermilab, iniciou um longo período de tomada de dados, que ficou conhecido como Run II, e corria sem competição pela busca do bóson de Higgs e de outros fenômenos. O Run II terminou em setembro de 2011, quando o Tevatron foi oficialmente desligado, e as últimas análises com relação ao bóson de Higgs foram apresentadas em julho de 2012, com resultados inconclusivos.

Finalmente, em 2008, houve o anúncio de que o primeiro teste do LHC seria realizado em setembro. O LHC não é ligado apenas movendo um interruptor. É uma operação complexa, que começa com o resfriamento do acelerador às baixíssimas temperaturas necessárias para sua operação, concluída em agosto. Em seguida, vários testes foram realizados para checar o funcionamento correto dos mais de 1,6 mil magnetos supercondutores e assegurar que todos os fios estejam em seus lugares após o resfriamento.

O início do funcionamento do LHC foi acompanhado no mundo inteiro, com ampla cobertura da mídia. No entanto, vários noticiários divulgaram informações alarmistas. Alguns chamavam o LHC de "máquina do apocalipse". Até mesmo uma ação judicial foi iniciada nos Estados Unidos para tentar impedir a operação do colisor. Foi esse tipo de cobertura irresponsável por parte de uma minoria da mídia que levou ao suicídio a jovem indiana Chaya. A maior preocupação era que o LHC pudesse produzir um miniburaco negro que acabaria por engolir a Terra. O CERN levou essa preocupação a sério e preparou um documento mostrando a ausência de perigos e explicando que, caso essa possibilidade existisse, já teria ocorrido devido às colisões de partículas de raios cósmicos de altíssimas energias que incidem sobre a Terra e outros corpos celestes há bilhões de anos (ver capítulo 5).[1] Um desenho animado curto e muito divertido sobre isso foi feito no Brasil.[2]

Buracos negros são grandes concentrações de matéria em que a força da gravidade é tão intensa que nem um raio de luz, se passar suficientemente próximo, poderá escapar de sua força de atração. Por isso ele é negro: não pode emitir nenhum tipo de luz. Acredita-se que existam grandes buracos negros no centro da maioria das galáxias, com massas correspondentes a mais de 1 milhão de vezes a massa do Sol. No centro da Via Láctea, nossa galáxia, o efeito desse buraco negro seria quase imperceptível. Apenas as estrelas muito próximas sentiriam seu efeito. Medidas do movimento de algumas estrelas próximas ao centro da galáxia de fato indicam a presença de uma grande concentração de matéria, possivelmente na forma de um buraco negro.

Os buracos negros que poderiam ser formados no LHC são de outra natureza: teriam massa equivalente à energia de um mosquito. Sua força gravitacional seria ínfima. Além disso, esse processo poderia acontecer apenas em teorias bem mais extravagantes que o Modelo Padrão, em que se postula a existência de mais dimensões além das três dimensões espaciais que observamos. Pensa-se também que buracos negros não são absolutamente negros. Trabalhos do físico britânico Stephen Hawking na década de 1970 sugerem que efeitos quânticos podem levar buracos negros a "evaporar", perdendo energia através da emissão de radiação. Quanto menor o buraco negro, mais rapidamente ele desapareceria. Caso produzidos no LHC, desapareceriam quase imediatamente. Portanto, não havia razão nenhuma para pânico quando o LHC finalmente começou a operar.

Às 10h28 de 10 de setembro de 2008, o primeiro feixe de prótons completou a volta de 27 km no LHC, circulando no sentido horário. À tarde, outro feixe circulou no sentido anti-horário. Foi um dia memorável e de grandes celebrações. Tudo estava indo muito bem. No entanto, nove dias mais tarde ocorreu um grave acidente. A equipe testava os magnetos supercondutores em um dos setores do LHC com uma corrente que seria suficiente para acelerar cada feixe a uma energia de 5 TeV, que era o objetivo para 2008. Uma conexão defeituosa entre dois magnetos fez com que alguns dos fios esquentassem, deixando de ser supercondutores. Portanto eles passaram a apresentar uma resistência elétrica e rapidamente derreteram devido à alta corrente elétrica (mais de 8 mil amperes) passando por eles. O aumento do volume de hélio líquido usado na refrigeração sobrecarregou as válvulas de escape, que foram projetadas justamente para esses casos, gerando grande pressão dentro do acelerador. Como em uma panela de pressão defeituosa, houve uma explosão que danificou vários outros magnetos. O acidente não causou fatalidades, pois não é permitida a presença de pessoas no túnel durante o funcionamento do LHC, mas atrasou em quase um ano o programa do acelerador.

Muitas pessoas mostraram pessimismo depois desse acidente. Existiam dúvidas sobre a capacidade de o LHC funcionar de fato. A complexidade e a grandiosidade do projeto contribuíam para isso. Afinal, existem no equipamento cerca de 65 mil conexões iguais àquela que falhou. Outro acidente dessa natureza, resultando em mais atrasos e gastos, poderia comprometer todo o projeto.

Com muito cuidado, todas as conexões foram checadas mais uma vez, as válvulas de escape redesenhadas, os magnetos afetados substituídos e todas as precauções foram tomadas para evitar novos acidentes. Em 20 de novembro de 2009 os feixes de prótons voltaram a circular no LHC. As primeiras colisões foram realizadas três dias depois. Até 16 de dezembro daquele mesmo ano, último dia de funcionamento antes de uma parada de dois meses, um novo recorde mundial de energia havia sido quebrado, com colisões de 2,36 TeV registradas pelos detectores. O recorde anterior era do Tevatron, onde as colisões ocorriam a uma energia de 1,96 TeV. Tudo estava pronto para a tomada de dados em 2010.

20. O fator luminosidade

Até aqui utilizamos como parâmetro para comparação entre diferentes aceleradores apenas a energia máxima atingida pelo feixe de partículas para realizar as colisões. Quanto maior essa energia, maior é o potencial do acelerador para descobrir novos fenômenos. Entretanto, esse não é o único fator que deve ser levado em consideração.

Outro importante parâmetro de aceleradores de partículas é a chamada "luminosidade". A luminosidade mede basicamente o número de colisões em certo intervalo de tempo. Portanto, está relacionada à quantidade de prótons no feixe, às dimensões do feixe e à frequência com a qual os feixes se cruzam. A luminosidade será maior quanto maiores forem a intensidade e a frequência dos feixes, e menores suas dimensões. Como em geral estamos em busca de eventos raros produzidos pelas colisões de partículas, uma grande luminosidade é importante para a possível observação desses eventos. Não adianta um acelerador obter uma alta energia de colisão se sua luminosidade não for suficiente para que a probabilidade de produção de novas partículas seja razoável.

A luminosidade é um parâmetro acumulativo. À medida que o acelerador funciona ao longo do tempo, sua luminosidade acumulada aumenta. É como um colecionador de selos que compra, digamos, um selo por dia. A quantidade de selos de sua coleção aumenta com o número de dias.

A unidade usada para medir luminosidades nos aceleradores modernos, como o Tevatron e o LHC, é chamada de "femtobarn inverso", denotada por 1/fb ou fb^{-1}. Explicarei brevemente o significado dessa unidade.

A probabilidade da produção de um dado evento (como a criação de uma nova partícula) está relacionada a uma quantidade que chamamos de "seção de choque". Quanto maior a seção de choque, maior é a probabilidade de que esse evento ocorra na colisão entre dois prótons no LHC. A seção de choque possui uma dimensão de área. Por exemplo, a área de um quadrado cujos lados medem 1 cm é de 1 cm^2. Quando as primeiras seções de choque com núcleos de átomos foram medidas, alguns físicos diziam que elas eram tão grandes quanto um celeiro. Celeiro em inglês é *barn* e o nome foi adotado como unidade de seção de choque. O barn é equivalente a 10^{-24} cm^2, o equivalente à área de um núcleo do átomo de urânio. No entanto, as seções de choque típicas de processos importantes no LHC são muito menores. Usamos então a denominação padrão para denotar frações do barn. Por exemplo, 1 milésimo de barn é denotado por 1 mb, ou "milibarn". A seção de choque total da interação de dois prótons foi recentemente medida no LHC a uma energia de 7 TeV e é de aproximadamente 100 mb.[1] No entanto, a seção de choque para a produção do bóson de Higgs (a partir de prótons colidindo com energia de 7 TeV) é muito menor, de cerca de 10 picobarns; 1 picobarn, denotado por 1 pb, é 1 bilionésimo (10^{-9}) de milibarn. Portanto, desses números podemos facilmente concluir que em média um bóson de Higgs será produzido a cada 10 bilhões de colisões de prótons. Esse é um dos motivos pelos quais foi tão difícil descobrir o bóson de Higgs. Sua produção é extremamente rara.

Apenas para dar uma vaga ideia da dificuldade, imagine que cada colisão de prótons seja representada por um grão de arroz (com volume aproximado de 5 mm^3). Encontrar um bóson de Higgs nessas colisões corresponde a, grosso modo, encontrar um grão de arroz em uma piscina olímpica cheia de arroz. Esse é o desafio encarado pelos detectores do LHC.

A unidade mais conveniente para denotar seções de choque para a produção de novas partículas no LHC é uma fração ainda menor, o "femtobarn", denotado por fb, que é 1 milésimo do picobarn.

O produto da seção de choque pela luminosidade resulta em um número que representa o total de eventos produzidos nas colisões. Por exemplo, imaginemos que o LHC tenha acumulado uma luminosidade de um femtobarn inverso, 1 fb^{-1}. Como a seção de choque para a produção do bóson de Higgs é de aproximadamente 10 pb, ou seja, 10 mil fb, terão sido produzidos aproximadamente 10 mil bósons de Higgs. Veremos mais adiante as estratégias usadas para detectar alguns dos bósons de Higgs produzidos no LHC.

No capítulo anterior vimos que o LHC começou de fato a funcionar apenas em 2010, com colisões de prótons a energias de 7 TeV. O problema, no entanto, foi a baixa luminosidade obtida ao longo desse ano, de apenas 0,05 fb^{-1}. Foi um resultado pífio, vinte vezes menor que o mínimo esperado. Com essa luminosidade, poucos processos físicos puderam ser analisados, mas foram muito úteis para calibrar os detectores, deixando as colaborações preparadas para a enxurrada de dados que viriam depois. Os pessimistas de plantão, no entanto, declaravam que o LHC nunca conseguiria acumular uma luminosidade suficientemente grande para realizar descobertas importantes.

Eu mesmo, já pensando em meu ano sabático em 2010, cheguei a considerar seriamente a possibilidade de ir ao Fermilab, onde o Tevatron funcionava bem, em vez de seguir para o CERN. Havia um movimento nos Estados Unidos para estender o funcionamento do Tevatron por um período de mais três anos. No final, esse movimento não teve sucesso. Ainda bem que não tomei essa decisão.

Em 2010 os operadores ainda estavam testando o LHC, aprendendo como conseguir feixes estáveis por longos períodos, de até catorze horas. O número de prótons no feixe, um dos fatores mais importantes para a luminosidade, foi aumentando gradativamente. Tudo ficou pronto para o LHC funcionar de forma magistral em 2011 e 2012.

21. Em busca do bóson de Higgs

Jonathan Richard Ellis, ou simplesmente John Ellis, como é mais conhecido, parece um hippie. Mesmo aos 65 anos, seus longos cabelos e barbas agora grisalhos mantêm um visual que ele cultiva desde os anos 1970. O físico britânico era um dos poucos teóricos no quadro permanente do CERN — foi contratado em 1978 — até sua aposentadoria compulsória, em 2011. Associado agora ao King's College de Londres, Ellis ainda mantém sua sala no CERN, onde pode ser frequentemente encontrado em meio a enormes pilhas de artigos e a um esqueleto pendurado. De fato, sua sala é folclórica e virou atração turística para as centenas de pessoas que visitam o CERN diariamente. Ellis é um dos físicos teóricos mais influentes e produtivos da atualidade, com mais de novecentos trabalhos, citados mais de 54 mil vezes.

Em 1976 Ellis e colaboradores escreveram um importante trabalho, cujo título em português seria algo como "Um perfil fenomenológico do bóson de Higgs".[1] Foi o primeiro trabalho teórico sistemático, dedicado integralmente ao estudo das propriedades do bóson de Higgs e de maneiras de encontrá-lo em aceleradores

John Ellis em sua sala no CERN.

de partículas. O trabalho termina com o seguinte comentário: "Pedimos desculpas aos físicos experimentais por não termos ideia de qual é a massa do bóson de Higgs e por não termos certeza da intensidade de seus acoplamentos com outras partículas; apenas sabemos que provavelmente são pequenos. Por esses motivos, não queremos encorajar grandes buscas experimentais pelo bóson de Higgs, mas pensamos que pessoas que realizam experimentos vulneráveis ao bóson de Higgs devem saber como ele poderia aparecer". Felizmente, a comunidade desobedeceu ao conselho de Ellis e colaboradores, e um enorme esforço foi feito para que grandes experimentos fossem projetados tendo como um de seus principais objetivos justamente a procura do bóson de Higgs. Tenho certeza de que John Ellis está muito contente com o subsequente desenvolvimento da área que, 36 anos após a escrita de seu trabalho, culminou com a descoberta do bóson de Higgs.

Como Ellis bem colocou, a teoria do Modelo Padrão não prevê a massa do bóson de Higgs. Como então procurar experimentalmente essa nova partícula?

Apesar de desconhecido a priori, o valor da massa do bóson de Higgs é o único parâmetro necessário para determinar suas propriedades, de acordo com o Modelo Padrão. Desse modo, o procedimento de busca foi, em princípio, simples: fazer uma hipótese sobre o valor da massa (e, consequentemente, das outras propriedades desse bóson) e verificar experimentalmente se ele existe ou não dentro dessa hipótese. A busca consiste em repetir esse procedimento para diferentes hipóteses de valores da massa.

O primeiro acelerador que obteve informações importantes sobre a massa do bóson de Higgs foi o LEP, como vimos no capítulo 15. No LEP, o bóson de Higgs, caso produzido, seria sempre acompanhado da partícula Z. Como a criação de partículas em aceleradores segue-se basicamente da transformação da energia da colisão na massa das partículas criadas, a energia disponível para criar o bóson de Higgs é igual à diferença entre a energia da colisão e a massa da partícula Z, ambas bem conhecidas. As maiores energias de colisão no LEP, obtidas no final de seu funcionamento, chegaram a quase 210 GeV, enquanto a massa da partícula Z é de aproximadamente 91 GeV. Assim, uma simples conta de subtração mostra que o LEP poderia no máximo produzir um bóson de Higgs com uma massa de 210-91 = 119 GeV. Como o bóson não foi observado no LEP, determinou-se, após cuidadosa análise, um limite inferior de sua massa: caso a partícula existisse como descrita no Modelo Padrão, sua massa deveria ser maior que aproximadamente 115 GeV.

No LHC, a busca pelo bóson de Higgs é bem mais complexa do que no LEP. A principal razão é que no LHC as partículas que colidem são prótons, enquanto no LEP se colidiam elétrons com pósitrons. Ao contrário de elétrons e pósitrons, que até onde sabemos são partículas elementares, sem estrutura, prótons são partículas compostas. Podemos pensar nos prótons como uma "sacola" carregando três quarks (dois quarks do tipo up e um quark do tipo down) e vários glúons, as partículas responsáveis por manter os quarks dentro da sacola. É muito mais complicado analisar as colisões dessas sacolas de quarks e glúons. Dizemos até que os eventos produzidos são mais "sujos", comparados a eventos produzidos nas colisões elétron-pósitron. Isso porque na colisão entre dois prótons as sacolas arrebentam, liberando quarks e glúons e produzindo grande número de partículas, na maioria desinteressantes para a busca de novos fenômenos.

As partículas elementares que realmente colidem e podem produzir o bóson de Higgs no LHC são precisamente os quarks e glúons dentro dos prótons. Cálculos precisos mostram que o bóson de Higgs é predominantemente produzido pelas colisões entre os glúons.

Uma coisa é produzir o bóson de Higgs e outra é encontrá-lo — ou, usando um termo mais técnico, detectar sua existência. O problema é que ele se desintegra em partículas conhecidas quase no mesmo instante em que é produzido. Além disso, existem várias diferentes possibilidades de sua desintegração. Esse processo não é determinístico: uma vez produzido, o bóson de Higgs pode se desintegrar de diferentes maneiras, com diferentes probabilidades para cada uma delas. Assim, sua desintegração pode ser comparada a um lance de dados com várias faces, cada face correspondendo a um modo de desintegração diferente. Ao contrário dos dados, no entanto, cada modo tem uma probabilidade diferente (lembrar que, no caso dos dados de seis faces, cada uma delas tem uma probabilidade de ⅙ de ser obtida em um lance). Essas probabilidades são propriedades do bóson de Higgs e podem ser precisamente calculadas dentro do Modelo Padrão para um dado valor de sua massa. Por exemplo, para um bóson de Higgs com massa de 120 GeV, os diferentes modos de desintegração e suas respectivas probabilidades são: par quark-antiquark tipo bottom (64,12%), par de bósons W (14,81%), par de glúons

(8,80%), par lépton-antilépton do tipo tau (6,97%), par quark-antiquark tipo charm (3,23%), par de bósons Z (1,67%), par de fótons (0,22%) e outros modos menos importantes.

Em princípio, a detecção do bóson de Higgs pode ser feita da seguinte maneira. Como na maioria das vezes ele se desintegra em um par quark-antiquark do tipo bottom, os detectores seriam programados para buscar exatamente esses pares, que teriam de satisfazer ao menos duas exigências: suas trajetórias devem partir de um mesmo ponto (ponto da colisão de prótons que produziu o bóson de Higgs), e suas energias somadas devem corresponder à energia do bóson (nesse caso, sua massa), o que é uma condição da conservação de energia. Não parece muito difícil.

Porém, na prática existe uma complicação que invalida esse método. Essa complicação vem do fato de que os pares de quark-antiquark do tipo bottom são também produzidos em profusão nas colisões de prótons por processos que não têm nada a ver com o bóson de Higgs.

Para fazer uma analogia grosseira, imagine-se em um ônibus lotado, circulando pelas ruas movimentadas de São Paulo, quando uma amiga entra no veículo. Vocês tentam conversar, mas o ruído das pessoas e do trânsito não o deixa ouvir o que ela fala. No entanto, se a voz da moça fosse um pouco mais aguda que o normal e você tivesse um aparelho capaz de filtrar os sons mais graves, provavelmente ouviria o sinal da voz de sua amiga acima do ruído do ambiente. Mesmo que um pouco da intensidade da voz se perdesse pelo processo de filtragem, a eliminação do ruído seria bem maior e finalmente você poderia entender o que ela tenta contar. Nessa analogia, ouvir a voz de sua amiga seria encontrar sinais do bóson de Higgs, enquanto o ruído ambiente representa outros processos que mascaram o sinal procurado.

No LHC, infelizmente, o número de pares de quark-antiquark do tipo bottom produzidos pelo ambiente é muito maior do que os produzidos pela desintegração dos tão procurados bósons de Higgs. Na analogia acima, seria como se o som ambiente não permitisse de maneira alguma ouvir sua amiga. Assim, é praticamente impossível detectar o bóson de Higgs que se desintegra dessa maneira, que é a mais comum. Portanto, para encontrar sinais desse bóson acima do ruído do ambiente, deve-se "filtrar" a análise, concentrando esforços em outros modos de desintegração, nos quais o ruído ambiente é menor. Isso acontece quando o bóson de Higgs se desintegra em um par de partículas Z ou em um par de fótons. Esses, como vimos acima, são modos raros de desintegração. Essa é a principal razão pela qual a busca do bóson de Higgs é difícil.

Foram principalmente nesses modos de desintegração que os sinais do bóson de Higgs apareceram pela primeira vez no LHC.

22. Os primeiros sinais do bóson de Higgs

O ano de 2011 estava chegando ao fim. O desempenho do LHC fora excelente e resultados parciais, apresentados nas grandes conferências internacionais ao longo do ano, mostravam que os detectores estavam funcionando a contento. No entanto, não havia sinais do bóson de Higgs. Mas o que não faltava eram boatos que apareciam nos corredores do CERN e em blogs especializados.

Uma das tradições da Divisão de Teoria do CERN é realizar uma festa de Natal todos os anos, com um jantar especial na cafeteria e, logo após, a apresentação de uma peça teatral, um quadro cômico encenado pelos físicos e secretárias, satirizando os eventos do ano. A pessoa que escreve, dirige, convoca os "atores" e atua é John Ellis. Não sei como ele encontra tempo para fazer isso! A festa de 2011 foi realizada em 9 de dezembro e a peça foi escrita com personagens de *Tintin*, a famosa história em quadrinhos do cartunista belga Hergé, que havia sido transformado em filme de sucesso naquele ano. Ellis fez o papel do Professor Calculus, um físico distraído e meio surdo. O tema principal foi a busca do bóson de Higgs, seu papel em diferentes teorias, onde ele poderia estar escondido e os vários boatos que circulavam sobre sua massa.

A peça também ridicularizava outro resultado que ocupava os noticiários científicos na época. Um experimento chamado Opera, no laboratório de Gran Sasso, na Itália, foi construído para analisar propriedades de neutrinos. Feixes de neutrinos produzidos no CERN em colisões com alvos fixos, no antigo SPS, são dirigidos àquele instrumento, viajando através da Terra por uma distância de 732 km. Lembre que isso é possível devido à minúscula interação dos neutrinos com a matéria. Medidas sofisticadas indicavam que os neutrinos viajavam a velocidades maiores que a da luz, violando as leis da física. Isso gerou uma enxurrada de trabalhos teóricos com as mais esdrúxulas explicações. Na peça, o professor meio surdo chamava o laboratório de "Gran Cazzo", e achava impressionante o seu tamanho. Um humor bem debochado. Felizmente (ou infelizmente, dependendo do ponto de vista), Opera encontrou um problema instrumental em 2012 e, junto com outros experimentos no mesmo laboratório, confirmou que a velocidade dos neutrinos é compatível com a velocidade da luz, acabando com o problema dos neutrinos superluminais.

O cartaz da peça, seu texto e o vídeo podem ser encontrados na página da Divisão de Teoria.[1] Mas o ano ainda não havia terminado. O melhor viria quatro dias após a festa, quando um seminário especial reportaria as últimas análises dos experimentos ATLAS e CMS de 2011.

O auditório principal do CERN estava lotado naquele 13 de dezembro de 2011. Seguranças na porta não permitiam mais a entrada de pessoas, a não ser as importantes, como os membros do conselho do CERN, que tinham seus assentos reservados. Prevendo que isso aconteceria, eu e alguns colegas resolvemos chegar às 10h30 para conseguir lugar para o evento, que começaria apenas às 14h. Não fomos os únicos a pensar assim.

Cartaz da peça de Natal de 2011 (acima) e John Ellis no final da apresentação.

Os boatos sobre os resultados que seriam apresentados haviam aumentado consideravelmente nas semanas anteriores, obrigando o diretor-geral do CERN, o físico alemão Rolf Heuer, a emitir uma declaração em 2 de dezembro com palavras meticulosamente escolhidas: "Os resultados serão baseados na análise de uma quantidade consideravelmente maior de dados do que os apresentados em conferências no verão, suficiente para fazer um progresso significativo na procura do bóson de Higgs, mas não o bastante para alguma declaração conclusiva sobre sua existência ou não existência".

A medida do sucesso de um acelerador de partículas é a quantidade de eventos gerada durante seu funcionamento. Esses eventos passam pela análise de colaborações experimentais que buscam novos fenômenos, como a existência de novas partículas. A quantidade de eventos, como discutimos no capítulo 20, é denominada, no jargão, "luminosidade" gerada pelo acelerador. Ao final de 2011, os experimentos ATLAS e CMS haviam acumulado uma quantidade de dados equivalente a uma luminosidade de 5 fb^{-1}, cem vezes maior do que a obtida em 2010. Dessa vez o LHC e seus experimentos estavam prontos para caçar o bóson de Higgs. E o mundo inteiro assistia à caçada.

Antes de mencionar os resultados obtidos pelos experimentos ATLAS e CMS, é necessário explicar a convenção usada para estabelecer a descoberta de uma nova partícula. Lembre que, na discussão do capítulo anterior, foi apontado o fato de sempre existir um ruído ambiente para um dado sinal que se queira detectar. No caso do bóson de Higgs o ruído é causado por outros processos resultantes da colisão de prótons, independentes da produção do bóson e que produzem exatamente as mesmas partículas. Por exemplo: quando o bóson de Higgs se desintegra em dois fótons, o ruído é gerado por todos os outros processos que não sejam relacionados a esse bóson e que podem levar à produção de dois fótons. Esses outros processos são muito mais frequentes. Para detectar com sucesso o bóson de Higgs é necessário que seu sinal esteja acima do ruído.

Quantifica-se um sinal em relação ao ruído usando um conceito que vem do estudo de estatística, denominado desvio-padrão e denotado pela letra grega sigma (σ). Quanto maior o desvio-padrão, maior é a probabilidade de que o sinal seja verdadeiro e não devido ao ruído. Por exemplo, 1σ corresponde a uma probabilidade de aproximadamente 30% de que o sinal seja devido ao ruído. Essa probabilidade é muito grande e portanto o resultado não é confiável. Já um desvio-padrão de 3σ corresponde a uma probabilidade de apenas 0,2% de que o sinal seja falso. O critério utilizado em física de partículas para declarar uma descoberta é bastante conservador. Exige-se um sinal de 5σ, que representa uma probabilidade de 0,0000573%, ou seja, a uma chance, em quase 2 milhões, de que o sinal seja falso. O número de desvios-padrão de um sinal é chamado de "significância".

A primeira pessoa a falar para o auditório lotado foi a física italiana Fabiola Gianotti, coordenadora-geral do ATLAS desde 2009. A responsabilidade maior do grande experimento, com mais de 3 mil participantes, recai na figura do *spokeperson*, eleito por seus pares para mandatos de dois anos. A tradução "porta-voz" não faz jus a seus deveres; portanto usarei o termo coordenadora-geral. Gianotti mostrou em meia hora os resultados obtidos pela colaboração através da análise cuidadosa dos dados tomados em 2011. Como já vimos, os canais mais importantes para a detecção do bóson de Higgs são quando ele se desintegra em um par de fótons ou em um par de partículas Z. ATLAS encontrou um sinal do bóson de Higgs com uma massa próxima a 125 GeV, mas de apenas 2,8σ e 2,1σ, respectivamente, nesses dois canais.[2]

O palestrante seguinte foi o físico italiano Guido Tonelli, então coordenador-geral do CMS. O resultado, lá, foi um excesso de

3,1σ, praticamente proveniente do canal do bóson de Higgs desintegrando-se em dois fótons.[3]

Com esses resultados, podiam-se entender as palavras de cautela usadas pelo diretor-geral do CERN. Os resultados apresentavam indicações, pistas da existência do bóson de Higgs, mas ainda eram inconclusivos. Não passavam pelo critério de descoberta. Suas significâncias eram inferiores aos 5σ necessários. Eram como uma silhueta de uma pessoa contra o Sol, quando não se pode afirmar com certeza quem ela é. A descoberta (ou não) do bóson de Higgs teria de aguardar a tomada e a análise de mais dados para chegar a uma resposta definitiva.

23. "Temos uma descoberta!"

Chamonix é uma linda estação de esqui aos pés do Mont--Blanc, nos Alpes franceses. No início de cada ano, o CERN promove nesse local uma reunião de trabalho, a LHC Performance Workshop, para desenvolver a melhor estratégia de operação para o LHC naquele ano.[1] Em 2012, a reunião ocorreu em fevereiro e, depois de muitos estudos e discussões, decidiu-se aumentar a energia dos feixes. O LHC passaria a acelerar cada feixe de prótons a energias de 4 TeV, correspondendo a uma energia total das colisões de 8 TeV. Pode parecer um aumento pequeno comparado à energia total de 7 TeV (3,5 TeV por feixe) com a qual o LHC operou em 2011. Porém, os engenheiros do LHC tinham motivos para cuidados, após o acidente de 2008.

Esse pequeno aumento na energia, no entanto, resulta em um aumento de quase 30% na seção de choque, ou seja, na taxa de produção do bóson de Higgs. O problema é que ela também resulta no aumento do ruído, que deve ser recalculado para essas energias.

Depois do recesso do final do ano, o LHC voltou a entrar em funcionamento apenas no início de abril. A luminosidade gerada foi aumentando rapidamente. A máquina estava bem azeitada, com um desempenho fenomenal. Em Chamonix também havia sido definida uma parada técnica de duas semanas a partir de 17 de junho. Até essa data, com dois meses e meio de funcionamento, o LHC produzira uma luminosidade de 6,5 fb^{-1}, mais que o valor total obtido em todo o ano de 2011. Os experimentos ATLAS e CMS armazenavam os dados obtidos e o início das análises em busca de novos sinais aconteceria após a parada técnica.

O prazo para a divulgação do resultado das novas análises estava determinado: elas deviam estar prontas antes de 4 de julho. O motivo era a 36ª edição da conferência mais importante e tradicional da área, a International Conference on High Energy Physics, conhecida pela sigla ICHEP, marcada para os dias 4 a 11 de julho em Melbourne, na Austrália. Os experimentos teriam, portanto, apenas duas semanas para analisar os novos dados. Isso exigiu um enorme esforço das equipes, principalmente na parte computacional. O grid do LHC trabalhou a todo vapor, tanto na análise dos dados quanto no cálculo do ruído, que é bastante trabalhoso. Garanto que muitos físicos perderam várias noites de sono para que os resultados ficassem prontos em tempo hábil.

O anúncio de grandes descobertas é tradicionalmente feito durante as conferências internacionais da área. Uma pergunta pairava no ar e era assunto de discussão nos almoços: seria possível haver um anúncio da descoberta do bóson de Higgs em Melbourne, sem nada ser dito antes no CERN? Isso não faria muito sentido, já que todo o trabalho fora feito no CERN. A resposta veio em um e-mail de Heuer no dia 22 de junho, anunciando um seminário no CERN para 4 de julho, com transmissão simultânea para Melbourne. Pressenti que algo muito importante estava prestes a ocorrer. E os boatos corriam soltos...

Na segunda-feira, 2 de julho, como fazia de vez em quando, jantei com minha família no restaurante do CERN. Quando olhei para o lado, vi, em uma mesa não muito distante, uma figura conhecida. Nunca o vira pessoalmente, mas de imediato reconheci Peter Higgs. Depois de debater comigo mesmo se seria apropriado ou não, decidi vencer minha timidez. Pedi a meu filho que fosse comigo e, me apresentando, perguntei meio sem jeito se lhe seria muito incômodo tirar uma fotografia comigo. Sorrindo, Higgs disse: "Sem problemas. Isso está se tornando muito comum esses dias". Muito simpático, sem dúvida. Fiquei sabendo posteriormente que a direção do CERN havia convidado todos os autores dos trabalhos de 1964 (ver o capítulo 11) sobre quebra de simetria para o seminário de 4 de julho. Dos seis autores, quatro compareceram: Higgs, Englert, Guralnik e Hagen. Kibble não pudera ir e Brout já havia falecido.

As portas do auditório principal do CERN seriam abertas às 7h30, mas o seminário começaria às 9h. Em Melbourne seriam 17h. Dessa vez calculei mal: pensei que chegando às 6h30 conseguiria entrar. Mas não contava com dois fatores: mais da metade dos assentos estavam reservados e o fato de ser verão. No verão, o CERN recebe um grande número de estudantes do mundo inteiro para fazer cursos. É claro que eles não perderiam essa oportunidade histórica — organizaram um acampamento durante a noite em frente à porta do auditório. Não tive chance. Mesmo assim esperei as portas abrirem e, após a rápida lotação do auditório, fui à *common room* da Divisão de Teoria, um grande e confortável espaço com máquinas de café expresso, cadeiras e sofás onde as pessoas se encontram em seminários informais ou simplesmente para tomar café e trocar ideias. Já prevendo a incapacidade do auditório, várias salas no CERN seriam usadas para transmitir os seminários on-line, inclusive a nossa. Consegui um lugar em um dos sofás e, na sala lotada, aguardei o início do seminário com apreensão.

Às 9h, pontualmente, Rolf Heuer iniciou a apresentação com as palavras: "Hoje é um dia especial".[2] Não precisava dizer mais nada. Sem delongas, passou a palavra para o físico norte-americano

O autor com Peter Higgs no CERN em 2012.

Joe Incandela novo coordenador-geral do CMS. Ele começou a falar sobre os resultados da busca do bóson de Higgs no canal de um par de fótons, mostrando, como exemplo, um evento gravado pelo detector que seria um dos possíveis candidatos para produto da desintegração de um bóson de Higgs. Concluiu que a significância do sinal nesse canal, que possuía vários eventos, aumentou para pouco mais de 4σ. Porém, mostrou que, combinado com o sinal proveniente da desintegração em um par de partículas Z, a significância aumentava para os tão almejados 5σ para uma massa do bóson de Higgs de aproximadamente 125 GeV. A audiência explodiu em aplausos quando isso foi apresentado.

Depois foi a vez de Gianotti, do ATLAS, fazer sua apresentação. Combinando os mesmos canais usados pelo CMS, ela anunciou uma significância do sinal de 5σ em uma massa de 126,5 GeV. Mais aplausos. Peter Higgs, presente na plateia, não conseguiu conter as lágrimas.

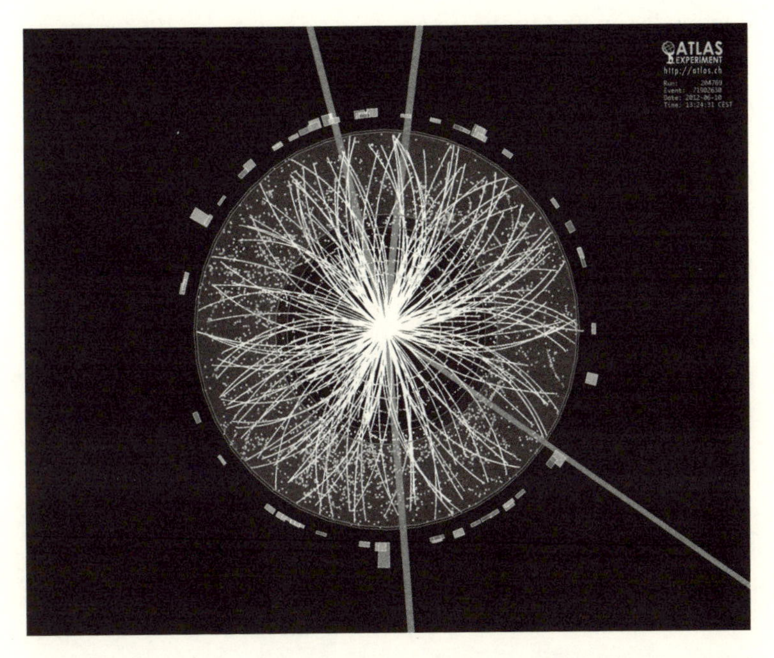

Imagem de um evento real gravado pelos detectores do experimento ATLAS em 10 de junho de 2012, compatível com a produção de um bóson de Higgs se desintegrando em um par de partículas Z. Essas partículas, por sua vez, também se desintegram rapidamente em dois múons cada uma, resultando então em quatro múons, que deixam os quatro traços característicos que aparecem destacados na figura acima. Os outros traços são de outras partículas produzidas que não estão relacionadas ao bóson de Higgs.

Ao final Heuer exclamou: "Temos uma descoberta!". O LHC encontrara uma nova partícula consistente com o bóson de Higgs do Modelo Padrão. Higgs, emocionado, comentou sobre a descoberta: "É incrível que isso tenha acontecido durante a minha vida".

Foi um dia histórico. Esfuziante. Contávamos com uma máquina complexa como o LHC, que levou dezesseis anos para ser construída, mas que vinha sendo discutida pelo menos desde 1984. Fantásticos detectores com mais de 3 mil pessoas participaram do projeto. E acabara de ser anunciada uma descoberta esperada com ansiedade, que finalmente confirmara o mecanismo de quebra de simetria proposto por Higgs e outros em 1964, e usado por Weinberg e Salam em 1967 para explicar a origem da massa das partículas elementares.

Em entrevista coletiva logo após o anúncio da descoberta, um repórter perguntou a Heuer qual era a importância do fato. Sem pestanejar, ele respondeu: "Você não estaria aqui fazendo essa pergunta caso o bóson de Higgs não existisse". O que ele quis dizer era que, caso partículas como o elétron não tivessem massa, não seria possível formar átomos e nós não existiríamos. É claro que a resposta foi retórica, pois existimos e os elétrons possuem massa. Caso o bóson de Higgs não fosse encontrado, teríamos de repensar o mecanismo teórico que poderia gerar essas massas.

Depois do anúncio e das várias conversas que se seguiram, fui almoçar com meus colegas da Divisão de Teoria no restaurante do CERN, como de costume. Durante o almoço, apareceu uma ideia: por que não comemorar o evento memorável? É verdade que, como teóricos, pouco contribuímos — pelo menos nós que estávamos sentados juntos naquele momento. De fato, vários outros físicos teóricos contribuíram no esforço da busca do bóson de Higgs com cálculos precisos da seção de choque de sua produção e das probabilidades de sua desintegração, além dos cálculos sobre os possíveis ruídos, que são muito importantes. Mas muitos de nós passamos grande parte da vida trabalhando com teorias ligadas ao bóson de Higgs e decidimos celebrar. Após o almoço, fomos a um supermercado e compramos três garrafas de champanhe Veuve Clicquot, alguns sucos e salgados e voltamos para trabalhar. Por volta das 17h, nos reunimos na sala comum da Divisão de Teoria. Não sabíamos quantas pessoas viriam, mas praticamente toda a equipe acabou se juntando na comemoração, que foi bastante alegre.

No dia seguinte, fiquei sabendo de uma história incrível: o Museu de Ciências de Londres ligou para a secretária do diretor-geral perguntando se havia alguma garrafa de champanhe vazia da comemoração pela descoberta do bóson de Higgs. O fato é que Heuer não teve tempo de celebrar, pois partiu quase imediatamente para Melbourne. Contatando outras secretárias, ela ficou sabendo da nossa pequena festa. Assim, uma das garrafas que compramos no supermercado foi parar no Museu de Ciências de Londres! Guardei apenas uma rolha de recordação, pois seria mais difícil levar uma garrafa vazia para o Brasil.

Festa da Divisão de Teoria depois do anúncio da descoberta do bóson de Higgs.

24. Será mesmo o bóson de Higgs?

A direção do CERN e as colaborações experimentais foram muito cautelosas no anúncio oficial de julho de 2012: "A descoberta de uma partícula consistente com o bóson de Higgs é o início de um estudo mais detalhado, que requer maior estatística para determinar as propriedades dessa nova partícula, e provavelmente trará mais informações sobre outros mistérios de nosso universo". Em outros termos, essa maior estatística é o resultado da análise de mais dados. De fato, mais dados foram acumulados no decorrer de 2012.

A primeira etapa de operação do LHC acelerando feixes de prótons, planejada para ocorrer no triênio 2010-12, terminou em 17 de dezembro de 2012. Ao final de 2012, uma luminosidade de aproximadamente 30 fb^{-1} foi acumulada, das quais 23 fb^{-1} foram obtidos somente em 2012. O anúncio da descoberta em julho de 2012 foi feito com a análise de apenas 12 fb^{-1} de dados. Portanto, mais que o dobro de dados estava disponível no final de 2012.

Os resultados da análise quase definitiva de todos os dados da primeira etapa de operação do LHC foram apresentados pelas colaborações ATLAS e CMS em março de 2013, na tradicional conferência anual de Moriond, na França. Iniciada em 1966, essa série de conferências reúne físicos experimentais e teóricos para discutir os resultados mais recentes em física de partículas elementares. A significância estatística do sinal da nova partícula aumentou. É preciso lembrar que o critério de descoberta de uma nova partícula requer uma significância de 5σ. Esse critério foi marginalmente satisfeito em ambos os experimentos em julho de 2012. Depois da análise de todos os dados acumulados até o final de 2012, a significância medida foi de quase 10σ no ATLAS[1] e um pouco menor no CMS.[2] Não há mais dúvidas de que uma nova partícula foi descoberta. A massa dessa nova partícula, determinada a partir da média das medidas em ambos os experimentos, é 125,7 GeV, com uma incerteza experimental de 0,3 GeV. Essa massa é aproximadamente a de um átomo inteiro do elemento iodo e corresponde à massa de cerca de 125 prótons.

A massa do bóson de Higgs era o último parâmetro necessário para descrever o Modelo Padrão e determina todas as suas propriedades, como a maneira pela qual ele interage com as partículas W e Z. Medindo diretamente essas propriedades, testes de consistência foram realizados para verificar se de fato a partícula descoberta seria o bóson de Higgs previsto no Modelo Padrão. A possibilidade de a partícula encontrada ser uma "impostora" disfarçada de bóson de Higgs foi praticamente eliminada.

Não havia mais motivos para medir palavras. Em um comunicado para a imprensa em março de 2013, a direção do CERN anunciou: "Novos resultados indicam que a partícula descoberta é um bóson de Higgs".

Penso que há grandes chances de o prêmio Nobel ser outorgado pela descoberta teórica do mecanismo de quebra espontânea de simetria e pela previsão do bóson de Higgs. Em minha opinião, Peter Higgs e François Englert, físico belga que, com Robert Brout (falecido em 2001), escreveu um trabalho um pouco antes de Higgs descrevendo esse mecanismo, deveriam ser agraciados com o prêmio.

25. O bóson de Higgs e o destino do universo

Como vimos no capítulo 11, o campo de Higgs é o responsável pela massa de todas as partículas elementares. E a massa dessas partículas determina muitas características de nosso universo. Por exemplo, já foi mencionado que a massa de um elétron é 511 KeV. O tamanho de um átomo de hidrogênio está diretamente relacionado com a massa do elétron. Quanto menor sua massa, maior o tamanho do átomo. Caso o elétron fosse um pouco mais leve, toda a química seria modificada. As ligações covalentes seriam muito mais frágeis, rompendo-se a temperaturas baixas. A vida como a conhecemos não existiria.

Mesmo uma mudança pequena na massa da partícula W, que não é tão familiar quanto o elétron, traria consequências drásticas. O motivo é que essa partícula controla reações que produzem energia no Sol. Se sua massa fosse menor, essas reações ocorreriam mais rapidamente e o Sol se consumiria em pouco tempo — talvez não estivesse brilhando hoje.

Apesar de explicar a origem da massa das partículas elementares, o mecanismo de Higgs não prevê seus valores. Estes são determinados por aquilo que chamamos "parâmetros do modelo", números que não são derivados de uma teoria. A massa do elétron, mais uma vez usada como exemplo, é fixada por um parâmetro que representa a intensidade da interação entre o elétron e o campo de Higgs e que chamamos de "acoplamento de Yukawa". Essa interação é de fato uma nova força da natureza, discutida no capítulo 10.

A massa do próprio bóson de Higgs é fixada por outro parâmetro do modelo, que determina o que chamamos de "autointeração do campo do Higgs". A medida da massa do bóson de Higgs possibilitou pela primeira vez a determinação desse parâmetro.

Existe algum significado especial no valor da massa do bóson de Higgs de aproximadamente 126 GeV, medida pelos experimentos do LHC? Para responder a essa pergunta, teremos de conhecer um pouco as "transições de fase", usando como exemplo a água.

A água pode existir em três estados, ou fases: sólido, líquido e gasoso. Uma quantidade que controla em qual fase ela se encontra é sua temperatura. Abaixo de zero grau Celsius, por exemplo, a fase sólida será dominante.

O Modelo Padrão em princípio tem apenas uma fase dominante: aquela em que nos encontramos hoje. No entanto, a massa do bóson de Higgs tem papel análogo ao da temperatura no caso da água. Para um certo valor dessa massa, o Modelo Padrão passa a ter outra fase dominante, na qual o universo seria totalmente diferente do observado, sem possibilidade de desenvolver vida. A nossa fase seria instável, podendo desaparecer como um pedaço de gelo derretendo. Cálculos indicam que nossa fase seria instável para massas do bóson de Higgs menores que aproximadamente 129 GeV.[1] Portanto, as medidas recentes da massa do bóson de Higgs indicam que nossa fase é instável e o universo pode colapsar para a fase dominante.

Calma... isso não deve ser motivo de pânico. Para uma massa do bóson de Higgs maior que 122 GeV, o tempo de transição entre nossa fase e a fase instável será maior que a própria idade do universo, da ordem de 13 bilhões de anos. No jargão, dizemos que nossa fase é metaestável. Estamos salvos, ao menos por enquanto.

Quero ressaltar que esses cálculos têm como hipótese que não existe nada além do Modelo Padrão, o que esperamos ser incorreto, como veremos a seguir.

26. Além do bóson de Higgs

O Modelo Padrão das Partículas Elementares, desenvolvido a partir do final dos anos 1960, tem sido um retumbante sucesso. Cálculos complexos de grande precisão podem ser realizados e os resultados comparados com os experimentos. Até o momento, todos os resultados obtidos pelo LHC e por outros aceleradores que o precederam podem ser explicados pelo Modelo Padrão.

No entanto, temos motivos para acreditar que esse modelo é incompleto. Alguns motivos demonstram insatisfação com as limitações do modelo e outros têm origem no estudo das maiores estruturas do universo, como galáxias e conjuntos de galáxias. Vejamos alguns desses motivos, que podem ser chamados de "problemas do Modelo Padrão".

a) A teoria da gravitação de Einstein não está contida nesse modelo. A força gravitacional é muito pequena e irrelevante nos experimentos do LHC. No entanto, espera-se que uma teoria completa da natureza a descreva de maneira satisfatória.
b) O Modelo Padrão possui quase vinte parâmetros, números rela-

cionados a quantidades físicas que devem ser fixados para realizar cálculos. A maioria dos parâmetros está ligada à massa de diferentes partículas. Apesar de conter um mecanismo para a geração das massas das partículas elementares, ele não explica o porquê do valor dessas massas para as diferentes partículas. Por exemplo, o elétron é cerca de 350 mil vezes mais leve que um quark do tipo top. No momento, não sabemos o que determina o valor da massa das partículas.

c) Recentemente, foi constatado que os neutrinos também possuem massa. Isso não está contemplado no Modelo Padrão. É trivial estendê-lo para incorporar massas de neutrinos, ao custo de aumentar o número de parâmetros. No entanto, a escala da massa de neutrinos é tão pequena, mesmo comparada à massa dos elétrons, que muitos físicos defendem a ideia de que deveria haver uma extensão mais complexa do Modelo Padrão para explicar esse fato.

d) O valor observado da massa do bóson de Higgs não é natural. A explicação dessa afirmativa seria muito técnica, mas basta dizer que não existe nenhuma simetria no Modelo Padrão que implicaria uma massa do bóson de Higgs pequena (em relação à chamada massa de Planck, uma escala enorme em que a força da gravidade não mais poderia ser deixada de lado).

e) O Modelo Padrão consiste na descrição de três forças: eletromagnética, fraca e forte. Alguns físicos sonham com uma teoria que descreveria de maneira unificada essas três interações, usando conceitos de quebra de simetria. Muitas teorias desse tipo, denominadas "teorias de grande unificação", já foram desenvolvidas e estão sendo testadas.

f) Medidas astronômicas indicam que a matéria que conhecemos perfaz apenas 5% do universo. Dos 95% restantes, cerca de 25% são um novo tipo de matéria, a "matéria escura", assim chamada por ser invisível aos telescópios. Sua presença é inferida pelo efeito gravitacional que ela possui, o qual é observado no comportamento da matéria usual em galáxias e no desvio de raios de luz de objetos distantes. A presença da matéria escura é fundamental para explicar como as galáxias se formaram durante a evolução do universo. O modelo mais plausível postula que a matéria escura é formada por um novo tipo de partícula elementar, eletricamente neutra e estável, ou seja, que não se desintegra, produzida no início do universo na proporção correspondente à observada. Essa partícula não existe no Modelo Padrão.

g) Em 1998 começaram a aparecer os primeiros indícios de que o universo estaria em expansão acelerada. O prêmio Nobel de 2011 foi dado a Saul Perlmutter, Adam Riess e Brian Schmidt, descobridores desse fato inesperado e perturbador. Perturbador porque a explicação mais simples é que os 70% restantes do universo, que não são matéria normal nem matéria escura, devem ser feitos de algo que realmente não conhecemos: um novo tipo de elemento que tem um efeito gravitacional repulsivo, ao contrário da matéria normal. Esse novo elemento é denominado "energia escura". Na realidade, o campo de Higgs teria exatamente esse efeito, mas com uma intensidade muito maior do que a observada. Pode-se dizer, portanto, que o Modelo Padrão não explica o comportamento do universo em grandes escalas, ou seja, não pode explicar a origem da matéria escura e da energia escura.

Existem várias teorias que tentam complementar o Modelo Padrão de maneira a resolver algumas das insatisfações apontadas. Elas são denominadas genericamente pelo nome pouco imaginativo de teorias Além do Modelo Padrão, que denotarei pela sigla AMP. As teorias AMP mais comuns podem ser divididas em três grandes classes: teorias supersimétricas, teorias com dimensões extras e teorias de Higgs composto. Muitos livros de divulgação foram escritos sobre teorias AMP.[1] A seguir darei uma breve pincelada sobre suas características mais importantes.

TEORIAS SUPERSIMÉTRICAS

A teoria AMP mais popular, desenvolvida principalmente na década de 1980, chama-se supersimetria, conhecida pela sigla SUSY. Essa teoria estende o Modelo Padrão através da incorporação do que seria uma nova simetria na natureza. Essa supersimetria relaciona duas classes até então independentes de partículas, descritas no capítulo 10: os bósons e os férmions. Existem milhares de artigos científicos dedicados a extensões supersimétricas do Modelo Padrão, mas aqui basta dizer que elas em geral apresentam uma partícula que descreve naturalmente a matéria escura no universo e prevê que as três interações do Modelo Padrão podem ser unificadas em uma grande escala de energia, bem maior que aquela que pode ser atingida no LHC.

Nos modelos mais simples de SUSY existem cinco tipos de bósons de Higgs! Portanto, caso SUSY esteja correta, a nova partícula escalar descoberta no LHC deveria ser a mais leve dessas cinco, e com propriedades um pouco distintas do puro bóson de Higgs do Modelo Padrão. A SUSY também prevê naturalmente um bóson de Higgs leve, como o encontrado no LHC. Portanto, ela ajuda a melhorar os problemas descritos em d), e) e f).

Além disso, SUSY prevê a existência de uma pletora de novas partículas. Algumas poderiam ser produzidas em grande quantidade no LHC, dependendo de suas massas. De fato, pensava-se que a descoberta das partículas de SUSY seria muito fácil quando o LHC começasse a funcionar a contento. No entanto, até agora essas partículas, apesar de intensamente procuradas, não foram detectadas no LHC. Isso começa a preocupar muitos de seus proponentes.

TEORIAS COM DIMENSÕES EXTRAS

Teorias com dimensões extras, além das três dimensões espaciais que conhecemos, não são novidade. Apareceram pela primeira vez já na década de 1920 e voltaram ao cenário principalmente com o desenvolvimento da teoria das supercordas. Essa teoria, que consegue descrever de maneira unificada a teoria da gravitação e o Modelo Padrão (problema a), necessita de dimensões extras para sua consistência matemática. Nas versões mais atuais, desenvolvidas no final do século passado, essas dimensões devem ser minúsculas e finitas, apresentando uma geometria curva diferente das dimensões usuais. Essa geometria curva pode explicar por que a massa do bóson de Higgs é muito menor que a massa de Planck (problema d). A inserção dos férmions nas dimensões extras explica de modo natural as grandes diferenças dos valores de suas massas (problema b). Fenômenos ligados à força gravitacional, como a produção de miniburacos negros, podem acontecer no LHC, de acordo com essas teorias.

Essa classe de teorias também prevê que uma série de novas partículas poderia ser produzida e detectada no LHC, dependendo de suas massas. Vários grupos dentro das colaborações ATLAS e CMS buscam essas novas partículas, colocando limites inferiores em suas massas (visto que elas não foram encontradas). O valor dessas massas está relacionado ao tamanho finito dessas dimensões. Portanto, limites inferiores nas massas podem ser traduzidos em limites superiores para o tamanho da dimensão extra.

TEORIAS COM HIGGS COMPOSTO

Nessas teorias, o bóson de Higgs não é uma partícula elementar. Assim como os mésons das interações fortes, ele seria composto de uma nova classe de partículas, ligadas por meio de uma nova força. Nos modelos mais simples, desenvolvidos na década de 1980, essa nova força foi chamada "Technicolor", em analogia com a teoria das interações fortes, que é baseada nas "cores" dos quarks, como descrito no capítulo 10; as novas partículas são denominadas "technipartículas". Esses modelos mais simples já foram descartados experimentalmente, pelo simples fato de prever um bóson de Higgs com uma massa muito maior do que a observada no LHC.

Minha tese de doutorado, de 1990, tratava das consequências da existência de um bóson de Higgs muito pesado. Agora, finalmente, sabemos que isso não ocorre. Minha tese ficou obsoleta, mas isso faz parte do progresso da ciência.

Modelos mais recentes postulam que o bóson de Higgs é análogo ao píon das interações fortes, um pseudobóson de Nambu-Goldstone, cuja massa é pequena e protegida por uma nova simetria (resolvendo o problema d). Mencionamos rapidamente essa possibilidade no capítulo 11. Nesses modelos, esperam-se desvios das propriedades do bóson de Higgs e a existência de novas partículas, que podem ser detectadas no LHC. O tamanho dos desvios e as massas das novas partículas dependem de uma nova escala de energia, um dos novos parâmetros introduzidos. Modelos um pouco mais complexos podem inclusive apresentar candidatos à matéria escura.

Na minha opinião, a evidência mais forte de que o Modelo Padrão ainda é uma obra inacabada é a existência de matéria escura no universo, proveniente de observações astronômicas. Várias experiências ao redor do planeta e em satélites no espaço buscam evidências mais diretas das partículas de matéria escura que circulam em nossa galáxia. No CERN, a produção de partículas de matéria escura deixaria sinais característicos nos detectores, pois, após produzidas, escapariam sem deixar rastros. Portanto, uma grande quantidade de energia gerada na colisão desapareceria do detector, e esse seria um sinal de fácil identificação. A determinação da natureza da matéria escura poderia dar pistas de qual modelo AMP tem mais possibilidades de estar correto.

O LHC não foi concebido apenas para encontrar o bóson de Higgs. Essa era certamente uma das prioridades, pois se tratava da última peça que faltava no Modelo Padrão. Mas o Modelo Padrão é incompleto. Um dos grandes objetivos do LHC é descobrir qual o tipo de física que o complementa, a física Além do Modelo Padrão. Existem vários sinais, alguns bastante exóticos, sendo explorados nas buscas de modelos AMP conduzidas neste momento. Tanto o ATLAS como o CMS contam com numerosos grupos trabalhando nessas buscas, procurando sinais de SUSY, dimensões extras e Higgs composto. Uma verdadeira revolução em nosso conhecimento viria da descoberta de algum novo fenômeno que não pode ser explicado pelo Modelo Padrão. Até o momento não existe nenhum sinal conclusivo. Contudo, devemos nos lembrar de que o LHC entrou em operação recentemente. Pode ser muito cedo. A comunidade está apreensiva, mas devemos ser pacientes.

27. Da euforia à depressão

Em 1982, a então primeira-ministra da Inglaterra, Margareth Thatcher, visitou o CERN e foi apresentada a John Ellis, ao qual perguntou: "O que você faz?". Ellis respondeu que seu trabalho era pensar em coisas para os experimentos procurarem, e esperar que eles encontrassem algo diferente. Thatcher ficou um pouco confusa: "Não seria melhor se eles encontrassem o que você previu?", perguntou em seguida. "Nesse caso, não teríamos aprendido nada de novo", disse Ellis.[1]

A descoberta histórica do bóson de Higgs era ansiosamente esperada por mais de quarenta anos. É a primeira partícula elementar de seu gênero, um bóson escalar, encontrada na natureza. Na verdade, descobriu-se uma quinta força da natureza. É a evidência procurada, com muito esforço, para o mecanismo que dá origem à massa das partículas elementares. É a coroação de um longo processo de desenvolvimento teórico e observações experimentais. O conhecimento acumulado pela humanidade recebeu uma importante contribuição. Muitos livros deverão ser reescritos ou, no mínimo, atualizados. Temos vários motivos de júbilo. Porém, a confirmação de que essa partícula é o bóson de Higgs do Modelo Padrão, como introduzido por Weinberg e Salam em 1967, não nos leva a aprender nada de novo.

O Modelo Padrão com o mecanismo de Higgs representa a maneira mais simples possível de explicar a massa das partículas elementares. E, mesmo sendo incompleto, esse modelo descreve todos os fenômenos estudados até o momento em aceleradores. Portanto, foi testado com sucesso até as maiores escalas de energia obtidas atualmente, a escala de 8 TeV do LHC em 2012. Pode ser que a incompletude do Modelo Padrão se revele em uma escala de energia maior, ainda a ser explorada. Torcemos para que essa escala seja acessível com o LHC funcionando com sua energia máxima, ou seja, colidindo prótons a energias de 14 TeV. Caso isso aconteça, novas partículas serão descobertas, apontando para uma descrição ainda mais profunda das partículas elementares e suas interações, talvez alterando até mesmo nossas noções de espaço-tempo.

No século passado descobrimos que a física desenvolvida por Isaac Newton, apesar de extremamente bem-sucedida em explicar fenômenos como o movimento de corpos na Terra e no espaço, falha em descrever movimentos de corpos com velocidades próximas à da luz. Uma nova teoria, a teoria da relatividade, concebida por Albert Einstein, foi desenvolvida para tratar desses casos. A física newtoniana foi incorporada a essa nova teoria como um limite de baixas velocidades. O mesmo se passou com a descrição de fenômenos na escala atômica, na qual a teoria da física quântica se faz necessária. Esperamos que o mesmo ocorra com o Modelo Padrão, ou seja, que a partir de uma determinada escala de energia, vamos chamá-la de Λ, ocorram novos fenômenos que apontem para uma nova teoria que o complemente. Porém, não sabemos qual é essa energia Λ. O Modelo Padrão é bastante robusto e pode, em princípio, ser consistente até altíssimas energias. Portanto, é concebível que o LHC descubra apenas o bóson de Higgs e mais nada. Esse é o pior pesadelo de um físico de partículas.

A única maneira de saber a energia Λ na qual uma nova física deve se revelar é construindo aceleradores capazes de explorar maiores energias, ou de realizar medidas com grande precisão. E torcer para que o pesadelo não se torne realidade e que Einstein esteja certo quando disse que a natureza é sutil mas não é maliciosa.

Apesar de inúmeras buscas, nenhum indício de modelos Além do Modelo Padrão foi encontrado. Limites inferiores cada vez mais severos nas massas de novas partículas exóticas estão sendo atingidos. Vários modelos propostos vão sendo descartados pelos novos dados do LHC. O Modelo Padrão explica todos os dados obtidos até o momento, dentro dos erros experimentais. Nada de realmente novo foi aprendido. Não há uma direção clara a ser seguida pelos físicos teóricos. O clima na Divisão de Teoria do CERN após 4 de julho de 2012 é o que eu chamo de pHd: *post-Higgs depression*. Esse estado pode mudar rapidamente para uma nova euforia quando houver alguma evidência obtida nos experimentos do LHC ou em outros experimentos, mesmo que estatisticamente fraca, de fenômenos que possam ser explicados apenas por modelos AMP. O público em geral saberá quando isso acontecer através das manchetes nos jornais.

28. O futuro da física de partículas

O grande número de anos necessários para a construção de novos aceleradores requer um planejamento estratégico cuidadoso. Em setembro de 2012, um Simpósio Aberto sobre a Estratégia Europeia para a Física de Partículas foi realizado em Cracóvia.[1] A estratégia seguida atualmente foi elaborada em 2006. A comunidade global de físicos de partículas foi convidada a apresentar propostas para discussão no simpósio. Um documento contendo dezessete recomendações para a estratégia foi elaborado por um grupo designado pelo Conselho do CERN e aprovado em 2013.

No simpósio foi realizada uma grande revisão da situação atual em física de partículas na Europa e no resto do mundo, das tecnologias disponíveis para aceleradores, detectores e computação em grande escala. Foram discutidas as prioridades científicas na Europa através de sugestões por parte de várias comunidades. É importante lembrar que o desenvolvimento da física de partículas não envolve somente construir aceleradores com a maior energia possível. Por exemplo, existem vários detectores cujo propósito é detectar a matéria escura de nossa galáxia. Milhões dessas novas partículas que ainda não conhecemos devem nos atravessar a cada segundo sem que percebamos (ainda bem!). Esses detectores estão localizados em laboratórios subterrâneos ao redor do mundo. Esperamos que em algum momento eles tenham sinais definitivos da existência de partículas de matéria escura, como observado em medidas astronômicas. Outros exemplos incluem experiências visando estudar propriedades de neutrinos, que usam aceleradores de menor energia mas maior intensidade de feixes. Esses experimentos custam caro e devem ser discutidos como parte de uma estratégia global.

O futuro próximo da física de altas energias certamente está no LHC. Na prática, ele funcionou por apenas dois anos, 2011 e 2012. É o início de uma longa jornada. As colisões de prótons a energias de 8 TeV foram encerradas em 17 de dezembro de 2012 e uma luminosidade de 30 fb^{-1} foi acumulada nessa primeira fase.

Nas primeiras semanas de 2013, colisões de prótons com núcleos do átomo de chumbo foram realizadas com o intuito de estudar efeitos que poderão ajudar no entendimento do plasma de quarks e glúons, um estado da matéria que só existiu no início do universo.

Em fevereiro de 2013 o LHC foi desligado e deverá permanecer assim por um longo período, denominado "*long shutdown* 1", ou LS1, programado para dezoito meses. Durante esse tempo, os detectores serão melhorados e o acelerador passará por manutenção. Quando voltar a funcionar a contento, provavelmente no início de 2015, o LHC estará produzindo colisões de prótons a quase 14 TeV, sua energia máxima projetada.

Após o reinício, em 2015, o LHC deverá funcionar sem grandes interrupções até 2022, gerando grande quantidade de dados, correspondente a uma luminosidade de 300 fb^{-1}, cem vezes maior do que a coletada até o momento. Em 2022 estão programados uma nova longa parada técnica (LS2) e melhoramentos na máquina. Esses melhoramentos aumentarão ainda mais a intensidade, isto é, o número de prótons nos dois feixes do acelerador, resultando em grande luminosidade, cinco vezes maior que a atual. Essa nova fase do LHC é denominada HL-LHC — a sigla HL significa *high luminosity*. Planeja-se que o HL-LHC opere de 2023 a 2030, acumulando nesse período uma luminosidade de cerca de 3 mil fb^{-1}, cem vezes maior do que a obtida até o final de 2012.

Esse grande aumento de luminosidade gera sérios desafios tecnológicos para os detectores. A grande intensidade do feixe pode danificar alguns de seus componentes. Materiais mais resistentes a esses efeitos devem ser usados nos futuros melhoramentos dos detectores. Além disso, o número de colisões de prótons aumentará bastante, o que dificultará a identificação de qual colisão resultou em um evento interessante. Não é claro que esses obstáculos possam ser superados. No entanto, ainda há tempo para pesquisas e desenvolvimento de novas técnicas e materiais que comportem essa avalanche de dados.

Físicos e engenheiros do LHC já pensam no futuro, depois de 2030. A ideia é aumentar a energia do LHC. Fala-se em energias de até 33 TeV, quatro vezes maiores que a energia planejada originalmente. Isso requer novos magnetos supercondutores, mais potentes, com campos magnéticos de cerca de 20 T. Mais uma vez, o LHC está empurrando a fronteira da tecnologia, pois a pesquisa no desenvolvimento desses magnetos já foi iniciada. Paralelamente, pensa-se também na construção de um novo túnel circular, com 80 km de extensão. Caso isso ocorra, a intensidade do campo magnético necessária será reduzida. Confesso que para mim isso parece muito difícil de ocorrer: o túnel teria de passar ou sob as montanhas Jura ou sob o lago de Genebra!

Vemos, portanto, que existe um planejamento de longo prazo no CERN. Mas, como ficou bem claro no simpósio de Cracóvia, outras iniciativas deverão ocorrer ao redor do mundo. Em particular, os japoneses foram rápidos em propor a construção de um acelerador linear de elétrons e pósitrons dedicado a estudar em detalhes as propriedades do bóson de Higgs, uma verdadeira "fábrica de bósons de Higgs". Eles sugerem um laboratório internacional, o International Linear Collider (ILC), localizado no Japão, que se responsabilizaria por metade dos custos. A outra metade viria dos países dispostos a fazer parte desse novo laboratório. A construção começaria em 2017 e a operação em 2025, concomitante com o HL-LHC.

Deve-se lembrar também que o Japão possui um vigoroso e tradicional programa em experimentos com neutrinos, que resultou em um prêmio Nobel em 2002 para Masatoshi Koshiba pela detecção de neutrinos provenientes do Sol.

Com relação aos Estados Unidos, a crise econômica é um fator limitante para investimentos nessa área. Após o desligamento do Tevatron, em setembro de 2011, o programa de física de altas energias no país é focado no LHC, onde existe uma importante contribuição norte-americana tanto nos detectores quanto no próprio acelerador. Não há um projeto de acelerador de altas energias no futuro próximo em solo norte-americano. Os Estados Unidos ainda não se recuperaram do fiasco do SSC. No entanto, há planos de o Fermilab ganhar um papel importante na chamada "fronteira da intensidade", com a produção de feixes intensos de energia moderada para uso em experimentos de neutrinos.

Os projetos futuros podem ser modificados com os possíveis novos resultados do LHC. De fato, muitas pessoas defendem a ideia de que é prematuro pensar em novos aceleradores sem ter certeza de qual tipo de física será revelado, ou não, pelo LHC. Nenhum desses projetos foi aprovado de maneira definitiva pelo governo dos países envolvidos, que no fim são quem paga as contas. Existe, por enquanto, financiamento apenas para a pesquisa e o desenvolvimento de novas tecnologias para os futuros aceleradores.

Em resumo, até 2022, o LHC operando com energia de 14 TeV não terá concorrentes. Esperemos que muitas descobertas sejam realizadas nesse período.

Epílogo: o começo do fim ou o fim do começo?

A curiosidade é inerente ao ser humano. Desde tempos imemoriais as pessoas questionam a natureza da matéria, do espaço e do tempo. A busca de respostas a simples perguntas pode levar a grandes avanços. Nossa concepção das propriedades mais fundamentais da natureza, das leis básicas que regem o universo, tem evoluído com a capacidade cada vez maior de explorar cientificamente novos domínios. Tanto o domínio microscópico, desde os átomos até as escalas estudadas no LHC, cerca de 10 mil vezes menor que um núcleo atômico, quanto o domínio macroscópico, em que potentes telescópios trazem informações de galáxias distantes a milhões de anos-luz, são importantes e complementares no que tange ao estudo das leis da natureza. Apesar dos enormes avanços em nosso conhecimento, sabemos que ainda não sabemos muita coisa, e novas revoluções científicas com mudanças de paradigma podem estar no horizonte.

A pesquisa em física de altas energias é impulsionada justamente pela curiosidade e pela sede de conhecimento. As perguntas que fazemos são, entre muitas outras: quais são as partículas elementares que formam nosso universo? Quais são suas propriedades? Como elas interagem entre si? Como explicar a origem de suas massas? A ânsia de responder a essas perguntas levou ao desenvolvimento dos aceleradores de partículas a partir da década de 1930. Um breve panorama desse desenvolvimento, que culminou com o maior e mais complexo instrumento científico já construído, o gigantesco LHC, com seus 27 km de circunferência, foi descrito aqui. É a realização máxima do primeiro laboratório internacional, o CERN, fundado na década de 1950. O planejamento e a construção do LHC e de seus detectores levaram mais de vinte anos.

Apesar de se tratar de uma pesquisa puramente acadêmica, vimos ao longo deste livro que vários aspectos tecnológicos foram derivados desses trabalhos: novos tratamentos contra o câncer, produção de radiofármacos para exames por imagem, potentes ímãs usados em aparelhos de ressonância magnética, a world wide web. Além disso, uma enorme quantidade de pessoas foi treinada em áreas de ponta. Posteriormente, muitas dessas pessoas utilizaram seus conhecimentos em outros setores. O impacto, na sociedade, desses recursos humanos de altíssimo nível formados em física de altas energias é difícil de mensurar, mas certamente é grande. Porém, nem os avanços tecnológicos nem a formação de recursos humanos são o objetivo principal da pesquisa. Eles são o que se costuma chamar de "*spin-offs*", subprodutos derivados desse trabalho. Como dizia o físico norte-americano Richard Feynman: física é como sexo — algum subproduto pode aparecer como consequência do ato, mas não é por isso que o fazemos.

Em 4 de julho de 2012, foi anunciada uma descoberta histórica realizada pelos físicos experimentais ligados aos experimentos ATLAS e CMS. Depois de analisar uma enorme quantidade de dados gerados pelo LHC com a ajuda de potentes computadores distribuídos ao redor do mundo, eles encontraram fortes evidências para a existência de uma nova partícula com características semelhantes ao bóson de Higgs, proposto em 1964 e incorporado ao Modelo Padrão em 1967. Já em 2013 não havia mais dúvidas de que a nova partícula é de fato um bóson de Higgs. Era a última peça que faltava para comprovar o Modelo Padrão, mais especificamente, o setor desse modelo responsável por gerar a massa de todas as partículas elementares. Ainda não sabemos com precisão se o bóson de Higgs descoberto corresponde exatamente à previsão do Modelo Padrão ou a algo um pouco diferente. As medidas de suas propriedades apenas começaram e ainda há uma imprecisão significativa que deverá ser reduzida em pouco tempo.

No entanto, o LHC não foi construído apenas com o objetivo de encontrar o bóson de Higgs. Os dados experimentais estão testando novos modelos concebidos nos últimos quarenta anos que podem revolucionar nosso conhecimento acerca da natureza em suas menores dimensões.

Apesar de intensas buscas, não há sinais de novos fenômenos além do Modelo Padrão nos resultados do LHC. Será que ele é a última e mais fundamental teoria, pelo menos nas escalas de energia acessíveis experimentalmente? Seremos a geração que dará por encerrada a pesquisa em física de partículas elementares? Será o LHC o último acelerador de partículas? Será a descoberta do bóson de Higgs o início do fim dos avanços da área? De fato, caso o LHC encontre apenas o bóson de Higgs e nada mais, será muito difícil justificar à sociedade a construção de um novo e maior acelerador de partículas.

Na virada do século XIX para o XX, em 1900, o físico britânico William Thompson, conhecido por seu título de nobreza — lorde Kelvin —, proferiu uma palestra intitulada "Nuvens do século XIX sobre a teoria dinâmica do calor e da luz". Naquela época, os modelos derivados da mecânica de Newton descreviam com muito sucesso os fenômenos relacionados ao calor e à luz. Kelvin, e muitos outros físicos, acreditavam que a física havia chegado a sua teoria final — bastava medir as quantidades relevantes com maior precisão. No entanto, em sua palestra, Kelvin apontou duas "nuvens" escurecendo o horizonte e que precisavam ser esclarecidas, ou dissipadas: a incapacidade de detectar o éter (o meio no qual se acreditava que as ondas de luz se propagassem) e a falha da teoria em descrever a emissão de luz por corpos aquecidos (a chamada radiação de corpo negro).

Ambas as nuvens deram origem a teorias radicalmente diferentes da mecânica newtoniana. O éter foi dispensado pela teoria da relatividade de Einstein, e a emissão de luz por corpos aquecidos deu origem à física quântica.

Estamos atualmente em uma situação que guarda alguma semelhança com a virada do século XIX para o XX. O Modelo Padrão funciona muito bem e o LHC deve fazer medidas mais precisas das propriedades do bóson de Higgs. No entanto, existem algumas nuvens no horizonte que devem ser dissipadas. Na minha opinião, a maior delas é a existência da matéria escura no universo, que não se encaixa no Modelo Padrão. A compreensão da natureza da matéria escura certamente trará informações que permitirão novos desenvolvimentos e buscas no LHC. Por outro lado, creio que dificilmente teremos avanços com relação ao enigma da energia escura através de resultados do LHC, pois as escalas de energia são muito diferentes. Outras nuvens, como por exemplo o fato de que existe mais matéria do que antimatéria no universo, também necessitam de uma física além do Modelo Padrão.

O LHC está apenas no início de suas atividades. Elas devem se estender por mais cerca de vinte anos. Vamos esperar que a descoberta do bóson de Higgs seja o fim do começo, e que em breve entremos em um período de novas e revolucionárias descobertas, que trarão para a humanidade um conhecimento mais profundo e abrangente das leis que regem nosso universo.

Notas

INTRODUÇÃO [PP. 11-3]

1. Notícia disponível em: <www.news.bbc.co.uk/2/hi/7609631.stm>. Acesso em: 25 jul. 2013.

1. NASCIMENTO DO CERN [PP. 15-24]

1. *Operation Epsilon: The Farm Hall Transcripts.* Bristol e Filadélfia: Institute of Physics Publishing; Los Angeles: University of California Press, 1993.

2. François de Rose. *Infinitely CERN: Memories of Fifty Years of Research.* Genebra: Suzanne Hurter, 2004.

3. Lew Kowarski. "An Account of the Origin and Beginnings of CERN". *CERN 61-10,* Genebra, 10 abr. 1961.

4. O CÍCLOTRON [PP. 33-9]

1. E. P. Hebert Childs. *An American Genius: The Life of Ernest Orlando Lawrence.* Nova York: Dutton & Co., 1968.

2. O artigo foi escrito pelo engenheiro norueguês Rolf Wideröe, como parte de sua tese de doutorado na Universidade Aachen, na Alemanha (baseado

em uma ideia do sueco G. Ising), e publicado em *Archiv für Electrotechnik*, em 1928.

3. Directory of Cyclotrons Used for Radionuclide Production in Member States, 2006.

4. Ver <www.advancedcyclotron.com>. Acesso em: 25 jul. 2013.

5. Ibid.

5. RAIOS CÓSMICOS [PP. 40-9]

1. Para uma breve introdução sobre a importância de Wataghin para a física brasileira, ver Roberto Salmeron. "Gleb Wataghin". *Estudos Avançados*, São Paulo: IEA-USP, v. 16, n. 44, pp. 310-5, abr. 2002.

2. Um texto excelente sobre a pesquisa em raios cósmicos no Brasil é o de Carola Dobrigkeit, "Cosmic Ray Physics in Brazil". In: 4th School on Cosmic Rays and Astrophysics, 2010, Santo André. Disponível em: <pos.sissa.it/archive/conferences/118/032/CRA%20School_032.pdf>. Acesso em: 25 jul. 2013.

3. Ver o site da colaboração: <www.auger.org>. Acesso em: 25 jul. 2013.

4. Ver <www.arxiv.org/abs/1107.4809>. Acesso em: 25 jul. 2013.

5. The Pierre Auger Collaboration. *Science*, v. 318, n. 5852, pp. 938-43, 9 nov. 2007.

6. OS ACELERADORES NO PÓS-GUERRA E O CERN [PP. 50-5]

1. Ver <www.lbl.gov>. Acesso em: 25 jul. 2013.

2. Para uma breve introdução ao desenvolvimento de aceleradores, ver E. D. Courant. "Early Milestones in the Evolution of Accelerators". *Reviews of Accelerator Science and Technology*, v. 1, n. 1, pp. 1-5, jan. 2008.

3. Ver A. Hermann; J. Krige; U. Mersits; D. Pestre. *History of CERN*, v. I, cap. 5. Amsterdam e Nova York: North-Holland Phisycs, 1987.

4. *CERN Bulletin*, Genebra, n. 47/48, nov. 2011.

7. O PRIMEIRO RECORDE DO CERN [PP. 56-9]

1. E. J. N. Wilson. "Sir John Adams: His Legacy to the World of Particle Accelerators". John Adams Memorial Lecture 2009, *CERN-2011-001*, Genebra, 31 jan. 2011.

2. E. Amaldi. "John Adams and His Times". John Adams Memorial Lecture. *CERN 86-04*, Genebra, 30 maio 1986. Genebra: CERN, 2011.

3. O projeto mais ambicioso está em construção no sul da França. Chama-se Iter, uma colaboração internacional. Ver <www.iter.org>. Acesso em: 25 jul. 2013.

8. OS PASSOS SEGUINTES DO CERN [PP. 60-6]

1. K. Johnsen. "CERN Intersecting Storage Rings (ISR)". *Proc. Nat. Acad. Sci. USA*, v. 70, n. 2, pp. 619-26, fev. 1973.

2. E. Amaldi, op. cit.

3. R. Anthoine. "1959: The Birth of the CERN Courier". Genebra: CERN Courier, 15 jul. 2009. Disponível em: <www.cerncourier.com/cws/article/cern/39749>. Acesso em: 25 jul. 2013.

9. FERMILAB: A CONCORRÊNCIA DO OUTRO LADO DO OCEANO [PP. 67-75]

1. Várias passagens deste capítulo estão descritas em L. Hoddeson; A. W. Kolb; C. Westfall. *Fermilab: Physics, the Frontier, and Megascience*. Chicago: University of Chicago Press, 2008.

2. B. D. McDaniel; A. Silverman. "Robert Rathbun Wilson (1915-2000): A Bibliographical Memoir". *Biographical Memoirs of the National Academy of Sciences*, Washington: The National Academic Press, v. 80, 2001.

3. R. Wilson. "The Tevatron". *Fermilab*, TM-763, 1 fev. 1978.

10. O CERNE DA MATÉRIA [PP. 76-87]

1. Parte deste capítulo é baseada no livro *Feynman e Gell-Mann: luz, quarks, ação*, de minha autoria (São Paulo: Odysseus, 2003).

11. O BÓSON DE HIGGS: PARTÍCULA DEUS OU PARTÍCULA MALDITA? [PP. 88-94]

1. O vídeo, com transcrição em inglês, está disponível em: <www.ph.ed.ac.uk/higgs/life-boson>. Acesso em: 25 jul. 2013.

2. P. W. Higgs. "Broken Symmetries, Massless Particles and Gauge Fields". *Physics Letters B*, v. 12, n. 2, pp. 132-3, 15 set. 1964.

3. Id. "Broken Symmetries and the Masses of Gauge Bosons". *Physical Review Letters*, v. 13, n. 16, pp. 508-9, 19 out. 1964.

4. F. Englert; R. Brout. "Brokon Symmetry and the Mars of Gauge Vector Mesons". *Physical Review Letters*, v. 13, n. 9, p. 321, 31 ago. 1964; G. S. Guralnik; C. R. Hagen; W. B. Kibble. "Global Conservation Laws and Massless Particles" *Physical Review Letters*, v. 13, n. 20, p. 585, 16 nov. 1964.

5. Veja, por exemplo, <www.arxiv.org/abs/arXiv:1005.4269>. Acesso em: 25 jul. 2013.

6. L. Lederman; D. Teresi. *The God Particle: If the Universe Is the Answer, What Is the Question?* Nova York: Dell Publishing, 1993.

7. J. F. Gunion; H. Haber; G. Kane; S. Dawson. *The Higgs Hunter's Guide*. Basic Books, 1990.

12. O PRIMEIRO COLISOR PRÓTON-ANTIPRÓTON [PP. 95-8]

1. Autobiografia de Carlos Rubbia para o Comitê do prêmio Nobel. Disponível em: <www.nobelprize.org/nobel_prizes/physics/laureates/1984/rubbia-autobio.html>. Acesso em: 25 jul. 2013.

13. ACELERADORES DE ELÉTRONS [PP. 99-103]

1. Uma história informal dos aceleradores lineares de elétrons em Stanford pode ser encontrada nos artigos de E. L Ginzton e W. K. H. Panofsky, disponíveis em: <www-conf.slac.stanford.edu/40years/histories.htm.> Acesso em: 25 jul. 2013.

2. Para uma descrição da descoberta experimental dos quarks, ver, por exemplo, M. Riordan, "The Discovery of Quarks", *Science*, v. 256, n. 5061, pp. 1287-93, 29 maio 1992.

3. Giorgio Moscati, comunicação pessoal. Ver também <www.web.if.usp.br/microtron/pt-br/node/23>.

4. Iuda Goldman e Paulo Pascholatti. "Um breve esboço da biografia científica de Marcelo Damy". Disponível em: <www.pion.sbfisica.org.br/pdc/index.php/por/Fisicos-do-Brasil-Memoria/Marcello-Damy-de-Sousa-Santos/Depoimentos>. Acesso em: 25 jul. 2013.

5. Dirceu Pereira. "Oscar Sala e o desenvolvimento dos aceleradores de partículas no Brasil". *Ciência e Cultura*, São Paulo, v. 62, n. especial 2, 2010.

14. COLISÕES ELÉTRON-PÓSITRON [PP. 104-7]

1. Pedro Waloschek. *The Infancy of Particle Accelerators: Life and Work of Rolf Wideröe*. Braunschweig: Friedrich Vieweg & Sohn Verlag, 1994.

2. Ver artigo de B. Richter disponível em: <www-conf.slac.stanford.edu/40years/histories.htm>. Acesso em: 25 jul. 2013.

15. LEP: O PRECURSOR DO LHC [PP. 108-15]

1. Herwig Schopper. *LEP: The Lord of the Collider Rings at CERN 1980-2000*. Berlim: Springer, 2009.

2. Ver <www.lnls.cnpem.br/sirius>. Acesso em: 25 jul. 2013.

16. O FIASCO AMERICANO [PP. 116-23]

1. L. M. Lederman. "Fermilab and the Future of HEP". In: R. Donaldson; R. Gustafson; F. Paige (Orgs.). *Proceedings of the 1982 DPF Summer Study on Elementary Particle Physics and Future Facilities*. Disponível em: <lss.fnal.gov/conf/C8206282/pg125.pdf>. Acesso em: 25 jul. 2013.

2. American Physical Society. *Research Directions for the Decade: Proceedings of the 1990 Summer Study on High Energy Physic, June 25-July 13, 1990, Snowmass, Colorado*. Cingapura e River Edge: World Scientific, 1992.

3. M. Riordan. "The Demise of the Superconducting Super Collider". *Physics in Perspective*, v. 2, pp. 411-25, 2000.

4. Informações à disposição em: <www.tsl.state.tx.us/arc/appraisal/tnrlc.html>. Acesso em: 25 jul. 2013.

5. Informações à disposição em: <www.nbcdfw.com/news/business/Chemical-Company-Expanding-in-Ellis-County-138459634.html>. Acesso em: 25 jul. 2013.

6. Matéria feita por estudantes sobre o que resta do SSC está disponível em: <summerofscience.wordpress.com/2009/10/29/whos-afraid-of-the-superconducting-super-collider>. Acesso em: 25 jul. 2013.

7. Ver <www.snowmass2013.org/tiki-index.php>. Acesso em: 25 jul. 2013.

17. LARGE HADRON COLLIDER [PP. 124-31]

1. Chris Llewellyn Smith. "How the LHC Came to Be". *Nature*, v. 448, n. 7151, pp. 281-4, 19 jul. 2007.

2. A maior parte deste capítulo é baseada em *LHC: The Guide*. Disponível em: <www.cdsweb.cern.ch/record/1092437/>. Acesso em: 25 jul. 2013.

3. *CERN Bulletin*, Genebra, n. 12/13, mar. 2012.

18. DETECTORES DE PARTÍCULAS [PP. 132-8]

1. Dados disponíveis em: <www.public.web.cern.ch/public/en/lhc/Computing-en.html>. Acesso em: 25 jul. 2013.

2. Dados disponíveis em: <www.cms.web.cern.ch/content/people-statistics>. Acesso em: 25 jul. 2013.

3. Informações disponíveis em: <www.international-relations.web.cern.ch/International-Relations/nms/brazil.html>. Acesso em: 25 jul. 2013.

19. O QUASE INÍCIO DO LHC [PP. 139-42]

1. J. Ellis; G. Giudice; M. Mangano; I. Tkachev; U. Wiedemann. "Review of the Safety of LHC Collisions". *Journal of Physics G*, v. 35, n. 11, nov. 2008. Disponível em: <www.arxiv.org/abs/arXiv:0806.3414>. Acesso em: 25 jul. 2013.

2. Disponível em: <www.charges.uol.com.br/2008/09/24/cotidiano-enquanto-isso-no-lhc/>. Acesso em: 25 jul. 2013.

20. O FATOR LUMINOSIDADE [PP. 143-6]

1. Ver relatório disponível em: <www.arxiv.org/abs/1204.5689>. Acesso em: 25 jul. 2013.

21. EM BUSCA DO BÓSON DE HIGGS [PP. 147-53]

1. J. R. Ellis; M. K. Gaillard; D. V. Nanopoulos. "A Phenomenological Profile of the Higgs Boson". *Nuclear Physics B*, v. 106, pp. 292-340, 1976.

22. OS PRIMEIROS SINAIS DO BÓSON DE HIGGS [PP. 154-9]

1. Disponível em: <www.ph-dep-th.web.cern.ch/ph-dep-th/?site=content/social.html> (clique em "XMAS 2011"). Acesso em: 25 jul. 2013.

2. Informações disponíveis em: <www.atlas.web.cern.ch/Atlas/GROUPS / PHYSICS/CONFNOTES/ATLAS-CONF-2011-163>. Acesso em: 25 jul. 2013.

3. Informações disponíveis em: <www.arxiv.org/abs/1202.1488>. Acesso em: 25 jul. 2013.

23. "TEMOS UMA DESCOBERTA!" [PP. 160-6]

1. Informações disponíveis em: <www.espace.cern.ch/acc-tec-sector/chamonix.aspx>. Acesso em: 25 jul. 2013.

2. Os seminários foram gravados e estão disponíveis em: <www.cdsweb.cern.ch/record/1459513>. Acesso em: 25 jul. 2013.

24. SERÁ MESMO O BÓSON DE HIGGS? [PP. 167-9]

1. F. Hubaut, palestra ministrada em Moriond, França, em março de 2013.

2. P. Ochando, palestra dada em Moriond, França, em março de 2013.

25. O BÓSON DE HIGGS E O DESTINO DO UNIVERSO [PP. 170-2]

1. J. R. Ellis; G. F. Espinosa; A. Giudice; A. Hoecker; A. Riotto. "The Probable Fate of the Standard Model". *Physics Letters B*, v. 679, n. 4, pp. 369-75, 31 ago. 2009.

26. ALÉM DO BÓSON DE HIGGS [PP. 173-9]

1. Alguns exemplos são: Brian Greene, *O universo elegante* (São Paulo: Companhia das Letras, 2001) e *O tecido do cosmo* (São Paulo: Companhia das Letras, 2005); Lisa Randall, *Warped Passages* (Nova York: HarperCollins, 2005).

27. DA EUFORIA À DEPRESSÃO [pp. 180-2]

1. Artigo disponível em <www.arxiv.org/pdf/1004.0648>. Acesso em: 25 jul. 2013.

28. O FUTURO DA FÍSICA DE PARTÍCULAS [PP. 183-7]

1. Disponível em: <www.europeanstrategygroup.web.cern.ch/EuropeanStrategyGroup/>. Acesso em: 25 jul. 2013.

Créditos das imagens

pp. 23, 54, 59, 63, 97, 113, 130 e 155: Cortesia © CERN

p. 27 (à esquerda): Interfoto/ Latinstock

p. 27 (à direita): Album/ Prisma/ Album Art/ Latinstock

p. 30, 31 (abaixo): Corbis/ Latinstock

p 31 (acima): Argonne National Laboratory/ Cortesia de AIP Emilio Segrè Visual Archives

p. 37: Cortesia Berkeley Lab

p. 45 (acima): Imagem cedida pelo acervo do Instituto de Física da USP

p. 45 (abaixo): Imagem cedida pelo Instituto de Física "Gleb Wataguin" da Unicamp

p. 47: Time & Life Pictures/ Getty Images

p. 66 (acima): Cortesia CERN Courier

pp. 66 (abaixo), 148, 162 e 165: Arquivo pessoal

p. 72: Cortesia Fermilab Visual Media Services

p. 107: © Brad Plummer/ SLAC National Accelerator Laboratory

p. 120: Imagem do site amusingplanet.com

p. 126: © Jean-Luc Caron/ CERN

pp. 128 e 135: © Claudia Marcelloni/ ATLAS Experiment (C) at CERN
p. 134: © Joao Pequenao/ ATLAS Experiment (C) at CERN
p. 163: ATLAS Experiment (C) at CERN

Índice remissivo

ESTA OBRA FOI COMPOSTA PELA SPRESS EM MINION E IMPRESSA EM OFSETE
PELA RR DONNELLEY SOBRE PAPEL PÓLEN SOFT DA SUZANO PAPEL E CELULOSE
PARA A EDITORA SCHWARCZ EM OUTUBRO DE 2013